PREPARATION OF G-C3N4 BASED VISIBLE
PHOTOCATALYST AND STUDY ON ITS CATALYTIC
DEGRADATION OF AQUEOUS ORGANIC POLLUTANTS

石墨相氮化碳基光催化剂合成及其水环境应用研究

—————— 刘 宁 著 ——————

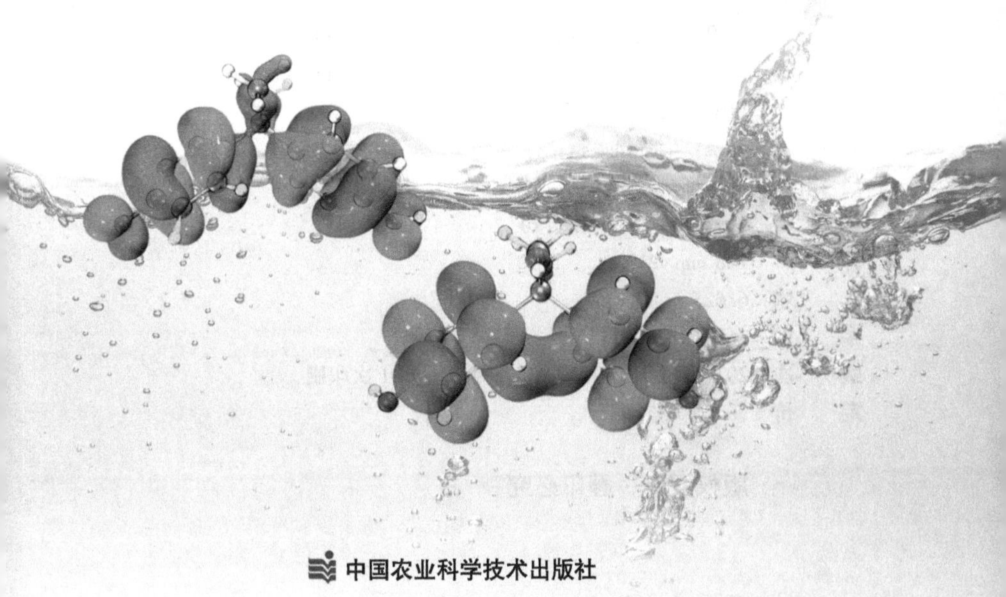

中国农业科学技术出版社

图书在版编目(CIP)数据

石墨相氮化碳基光催化剂合成及其水环境应用研究／刘宁著.--北京：中国农业科学技术出版社，2025.7.
ISBN 978-7-5116-7540-8

Ⅰ.TQ426.99

中国国家版本馆 CIP 数据核字第 2025WX6900 号

责任编辑	于建慧
责任校对	李向荣
责任印制	姜义伟　王思文

出 版 者	中国农业科学技术出版社
	北京市中关村南大街 12 号　邮编：100081
电　　话	(010) 82109708（编辑室）　(010) 82106624（发行部）
	(010) 82109709（读者服务部）
网　　址	https://castp.caas.cn
经 销 者	各地新华书店
印 刷 者	北京中科印刷有限公司
开　　本	148 mm×210 mm　1/32
印　　张	6.625
字　　数	163 千字
版　　次	2025 年 7 月第 1 版　2025 年 7 月第 1 次印刷
定　　价	50.00 元

◀━━ 版权所有・翻印必究 ━━▶

前 言
PREFACE

在全球环境问题日益严峻的当下，水污染治理已然成为环境科学与工程领域的核心任务之一，而光催化技术作为一种极具潜力的绿色环境修复手段，正蓬勃发展并备受瞩目。光催化过程能够利用清洁太阳能，在温和的反应条件下催生强氧化还原性物种，为降解水中难降解有机污染物开辟了新途径。在众多光催化材料中，石墨相氮化碳（$g\text{-}C_3N_4$）脱颖而出，凭借地球储量丰富的原材料、出色的化学稳定性和热稳定性、良好的可见光吸收能力，以及易于调控的形貌结构等显著优势，在光催化水处理领域展现出广阔的应用前景，吸引了全球科研工作者的目光，成为该领域研究的焦点之一。目前，$g\text{-}C_3N_4$ 在实际应用中仍面临着关键挑战，其光生电子-空穴对的分离效率较低，且传统光催化反应体系中活性物种的氧化能力有待进一步提升，这些瓶颈严重限制了其大规模工业化应用的步伐。因此，探寻切实有效的策略来增强催化剂的可见光吸收性能，同时提高 $g\text{-}C_3N_4$ 基催化剂的光生电荷分离效率并精准调控载流子反应路径，成为推动太阳能光催化水处理技术迈向新高度的关键突破口，也是当前学术研究的迫切需求与重要使命。

本书聚焦于新型 $g\text{-}C_3N_4$ 基光催化剂的创新研发与应用拓展，核心研究围绕 $Ti_3C_2/g\text{-}C_3N_4$、Ti_3C_2/PCN、CoCN 和 $g\text{-}C_3N_4/BiPO_4$ 等几种具有显著特色的催化剂展开。研究进程中综合运用多种前沿技术手段，从微观层面精准剖析催化剂结构、组成与性能的关联。

在宏观层面，系统探究 g-C_3N_4 基光催化剂在不同光催化体系下对各类水中有机污染物的降解效能及反应机制；通过大量严谨的实验与深入的理论分析，获得一系列具有重要价值的成果，为光催化水处理技术的发展注入新活力、开拓新方向。

在催化剂制备层面，精心设计并成功合成多种结构新颖的 g-C_3N_4 基复合光催化剂，例如利用蒸发诱导自组装法制备的 Ti_3C_2/g-C_3N_4 纳米片复合光催化剂，借助模板法与真空抽滤法合成的 Ti_3C_2/PCN 复合光催化剂，以 ZIF-67 和三聚氰胺为前驱体制备的 CoCN 催化剂，以及通过热聚合法制备的 g-C_3N_4/$BiPO_4$（CNBx）Z 型异质结光催化剂。

在性能研究方面，全面考察这些催化剂在可见光催化及光催化耦合硫酸根自由基体系中的表现，详细分析其光吸收特性、光生电荷分离与迁移性能、活性物种生成及污染物降解效率等关键指标。

在反应机理探究上，综合运用 X 射线光电子能谱（XPS）、紫外-可见漫反射光谱（UV-Vis DRS）、光电化学实验（PEC）、自由基淬灭实验（FRQ）、电子顺磁共振（EPR）、液质联用（HPLC-MS）、前沿分子轨道（FMO）理论及福井函数计算等多种先进技术与理论方法，深入揭示光催化反应过程中电子转移路径、活性物种作用机制及污染物降解路径，为光催化技术的理论完善与实践优化提供坚实支撑。

在催化剂设计理念上，创新性地提出基于二维纳米材料 g-C_3N_4 和 Ti_3C_2 层间界面接触以形成类肖特基异质结的氮化碳基催化剂设计方法；构建新型 2D/2D Ti_3C_2/g-C_3N_4 复合光催化剂，通过类肖特基结内建电场增强光生电荷分离，提高光催化降解性能；构建 Ti_3C_2/PCN 纳米片复合光催化剂，可见光下光生电荷载流子密度为 $9.63×10^{21}$ cm^{-3}，同时具有独特的光催化记忆效应，在黑暗环境下对水中有机污染物表现出催化降解性能。

在反应体系创新方面，率先构建 CoCN 和 $g-C_3N_4/BiPO_4$ 光催化剂，利用氮化碳基催化剂可见光催化活化 PMS 和 SO_4^{2-} 产生 $SO_4^-\cdot$，显著改善了可见光催化降解水中有机污染物的性能。CoCN/Vis/PMS 体系 2 min 内对 BPA 的降解率达 100%，90 min 内 TOC 去除率达 88.8%。$g-C_3N_4/BiPO_4$ 实现了可见光下同时活化 SO_4^{2-}、H_2O 和 O_2，产生 $SO_4^-\cdot$、$\cdot OH$ 和 $\cdot O_2^-$ 等多种自由基，降解水中有机污染物并使其毒性降低，为环境友好型水污染处理开辟了新途径。

本书主要面向环境科学、材料化学、催化技术等相关领域的专业研究人员，为其提供光催化领域的前沿研究思路与技术方法借鉴；对于高等院校相关专业的师生，可作为深入学习光催化技术及材料合成应用的专业教材与参考资料，助力培养创新思维与科研能力；也可供从事水污染治理工程技术人员参考，展现最新技术动态，为实际工程应用提供理论指导与技术支撑，促进光催化技术在水污染治理领域的广泛应用与产业发展。

感谢大连理工大学全燮教授、鲁娜教授为本书相关研究课题作出的宝贵指导。特别感谢国家自然科学基金委青年科学基金项目（22306176）、中国博士后科学基金（2024M763037、GZC20241580）、山西省基础研究计划青年科学研究项目（202203021222061）和中北大学科研启动经费的资助，使本书得以顺利出版并使研究工作得以延续。

刘 宁

2025 年 7 月

目 录
CONTENTS

1 绪 论 ···1
  1.1 研究背景 ···1
  1.2 研究进展 ···3
  1.3 研究思路和研究内容 ···39

2 Ti_3C_2/g-C_3N_4 可见光催化剂制备和降解水中
  有机污染物研究 ···43
  2.1 引言 ···43
  2.2 实验部分 ···44
  2.3 结果与讨论 ···50
  2.4 本章小结 ···66

3 Ti_3C_2/PCN 可见光催化剂制备和光催化记忆效应
  降解水中有机污染物研究 ······································68
  3.1 引言 ···68
  3.2 实验部分 ···69
  3.3 结果与讨论 ···74
  3.4 本章小结 ···88

4 CoCN 可见光催化剂制备和协同 PMS 反应体系降解水中有机污染物研究 ·········· 90

4.1 引言 ·········· 90
4.2 实验部分 ·········· 91
4.3 结果与讨论 ·········· 96
4.4 本章小结 ·········· 120

5 g-C_3N_4/$BiPO_4$ 可见光催化剂制备和活化硫酸盐反应体系降解水中有机污染物研究 ·········· 122

5.1 引言 ·········· 122
5.2 实验部分 ·········· 123
5.3 结果与讨论 ·········· 129
5.4 本章小结 ·········· 155

6 结论与展望 ·········· 157

6.1 结论 ·········· 157
6.2 创新点 ·········· 159
6.3 展望 ·········· 160

参考文献 ·········· 161

附件 ·········· 195

附件1 BPA 和其中间产物的结构式及 Fukui 函数计算结果 ·········· 195
附件2 主要符号全称与代表意义 ·········· 202
附件3 主要物理量符号代表意义与单位 ·········· 203

1 绪 论

1.1 研究背景

随着现代工业的迅速发展和人们生活水平的提高，自然界中的煤、石油、天然气等不可再生能源被大量消耗，与此同时，许多有毒有害物质排放出来，造成了日益严重的能源短缺和环境恶化等问题，很大程度威胁着人类社会的长期发展。诺贝尔奖得主 Richard Errett Smally 曾于 2003 年提出人类未来五十年面临的难题，包括能源危机、水资源危机和环境污染等问题。

传统的水处理技术，例如吸附、混凝、好氧和厌氧生化处理等，主要针对悬浮物、氨氮等常规污染物的去除降低化学需氧量，对于部分结构复杂有机污染物的处理效率还不够理想。研究显示，部分常用药品和个人护理品类的有机污染物在自来水中仍有检出[1-5]，其在环境中的残留直接影响水生态质量和饮用水安全。高级氧化技术（AOPs）通过光、热、电等外加能量或者催化剂活化氧气（O_2）、臭氧（O_3）、过氧化氢（H_2O_2）、过一硫酸盐（PMS）等小分子，产生羟基（·OH）、超氧自由基（·O_2^-）、硫酸根自由基（SO_4^-·）等强氧化性的活性物种，在对上述有机物污染废水的深度处理和环境修复方面具有广阔的应用前景。其中,光催化技术,以光能为驱动力,在温和的条件下即能够实现水中低浓度有机污染物的矿化,或将低密度的太阳能转化为高密度的清洁能源,兼具经济、清洁、安全和可再生等优点,引起世界各国政府和科学家们的广泛关注。光催化技术的深入研究和发展,对于我国"碳中和"目标的实现具有重要意义。

聚合物半导体材料石墨相氮化碳($g-C_3N_4$)是2009年新发现的可见光响应催化剂,具有原材料地球储量丰富、成本低廉、热稳定性和化学稳定性较高、表面结构容易改性等优点,在光催化领域备受青睐[6,7]。但是本征$g-C_3N_4$的光生电荷迁移速率慢,在催化剂体相内容易发生电子-空穴对复合,导致$g-C_3N_4$的载流子利用效率较低,光催化活性受限。近十年来,国内外研究人员采用掺杂改性、构造异质结合成单层或多孔结构的$g-C_3N_4$等多种方法来加强空间电荷定向迁移和利用,取得了一定的效果。尽管如此,$g-C_3N_4$基光催化剂在污染物降解过程中的催化活性仍然不够高,因此,需要进一步探索基于$g-C_3N_4$的新型催化剂反应体系。一方面,继续开拓新型材料改性方法,通过提高光吸收和光生电荷分离效率来增强对水中有机污染物的可见光催化降解性能,建立催化剂结构特征与强化$g-C_3N_4$催化降解功能之间的构效关系;另一方面,构建新型光催化反应体系,调控光生电子和空穴的反应路径,研究$g-C_3N_4$基催化剂在可见光照条件下活化O_2、H_2O、PMS和SO_4^{2-}等小分子产生高活性自由基的特性、规律和反应机制,分析多种自由基协同反应强化催化降解性能的原理。

基于以上研究背景,绪论部分对光催化反应原理、光催化水处理技术发展、$g-C_3N_4$基催化剂研究进展依次进行了详细分析和讨论。

1.2 研究进展

1.2.1 光催化技术

1.2.1.1 光催化反应的原理

光催化是光化学和催化学科的交叉点,一般是指在光激发条件下半导体催化剂表面发生的氧化还原反应。半导体光催化技术是以固体能带理论为基础发展起来的,能带理论指出,固体中电子的能量变化实质是电子从一个能级跃迁到另一个能级上。如图 1.1 所示,在半导体的电子结构中,最高被价电子占据的满能带称为价带(Valence Band, VB),E_{VB} 称为价带顶,它是价带电子的最高能量;最低不被电子占据的空能带被称为导带(Conduction Band, CB),E_{CB} 称为导带底,它是导带电子的最低能量;导带和价带中间隔以

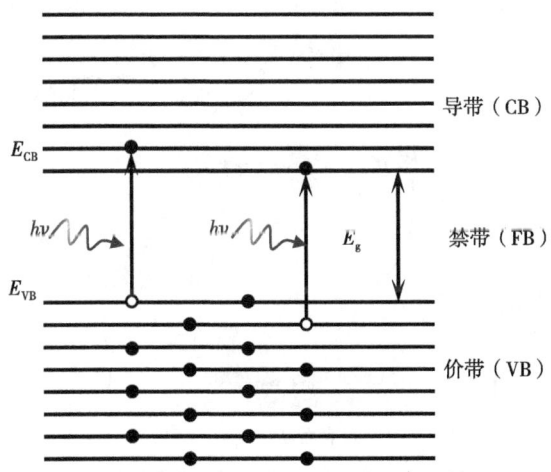

图 1.1 光照条件下半导体的能带

禁带（Forbidden band，FB）[8]。当半导体被能量高于其禁带宽度的入射光照射时，原本在较低能级价带区域、被共价键束缚的电子，获取能量后跃迁到较高能级的导带区域，脱离共价键并实现在晶体内的自由运动，成为准自由电子，即光生电子（e^-），其具有高还原能力；相应价带位置留下等效带正电的空量子状态则被称为光生空穴（h^+），其具有高氧化能力；两者一般成对产生，也被统称为光生载流子。高活性的光生电子和空穴在半导体内部产生后，一部分通过扩散或外场驱动的方式迁移到半导体表面，并与其表面吸附物种发生氧化还原反应；另一部分则在半导体内部或表面发生复合，其吸收的光能以热能或荧光等被释放。

如图1.2所示，光催化反应体系主要包括以下3个有效步骤：一是光生电子-空穴对的产生；二是载流子的分离与转移；三是表面电荷捕获和氧化还原反应，同时伴随着体相或表面的电子-空穴

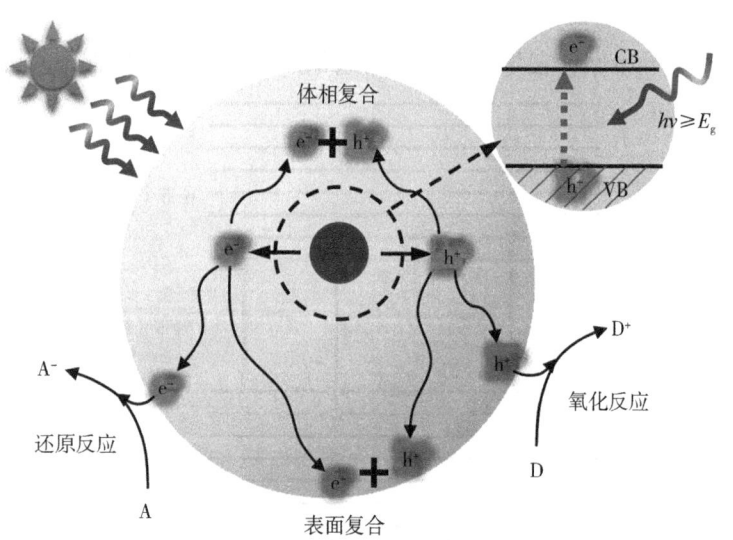

图1.2 半导体光催化剂的反应机理

注：A代表电子受体，D代表电子供体

复合的副反应。以常用的 TiO_2 光催化剂为例，Hoffman 等总结了其基元反应过程[9]，如表 1.1 中反应式 E1.1 至 E1.8 所示。

可以看出，光生电子和空穴的产生与分离过程是很快的，光催化反应的速率控制步骤主要在于后续界面间电荷转移过程，而载流子复合问题也对最终的氧化还原反应起到负面作用。因此，持续有效加速载流子分离，促进界面电荷转移，抑制载流子重新复合，是提高半导体光催化反应过程效率的有效途径。

表 1.1 光催化各基元反应的特征时间（以 TiO_2 为例）

光催化过程	基元反应	特征时间
光生电子-空穴对的产生	$TiO_2 + h\nu \rightarrow h_{VB}^+ + e_{CB}^-$ （E1.1）	很快（fs 级）
载流子迁移到颗粒表面并被捕获	$h_{VB}^+ + >Ti^{IV}OH \rightleftharpoons [>Ti^{IV}OH \cdot]^+$ （E1.2） $e_{CB}^- + >Ti^{IV}OH \rightleftharpoons [>Ti^{III}OH]$ （E1.3） $e_{CB}^- + >Ti^{IV} \rightleftharpoons >Ti^{III}$ （E1.4）	快（10 ns） 浅层捕获（100 ns） 深层捕获（10 ns）
自由载流子与被捕获的载流子重新结合	$e_{CB}^- + [>Ti^{IV}OH \cdot]^+ \rightleftharpoons >Ti^{IV}OH$ （E1.5） $h_{VB}^+ + [>Ti^{III}OH] \rightleftharpoons >Ti^{IV}OH$ （E1.6）	慢（100 ns） 快（10 ns）
界面间电荷转移，发生氧化还原反应	$[>Ti^{IV}OH \cdot]^+ + Red \rightleftharpoons >Ti^{IV}OH + Red \cdot^+$ （E1.7） $e_{tr}^- + Ox \rightleftharpoons >Ti^{IV}OH + Ox \cdot^+$ （E1.8）	慢（100 ns） 很慢（ms）

注：$>Ti^{IV}OH$ 表示 TiO_2 的表面羟基官能团；e_{CB}^- 表示导带电子；e_{tr}^- 为被捕获的导带电子；h_{VB}^+ 为价带空穴；Red 为电子给体（还原剂）；O_x 为电子受体（氧化剂）；$[>Ti^{IV}OH \cdot]^+$ 是在颗粒表面捕获的价带空穴；$[>Ti^{III}OH]$ 是颗粒表面捕获的导带电子；反应式后的时间是通过激光脉冲光解实验测定的每一步骤的特征时间。

1.2.1.2 光催化材料及其设计

（1）开发设计光催化剂的因素

光催化技术中的核心是催化剂，光催化剂材料的选择直接影响到催化效果。开发和设计出高效稳定的光催化剂需要考虑如下几个条件。

半导体适当的导带和价带位置。例如在光解水产氢、CO_2还原和N_2还原过程中，导带电子必须具有足够激活并还原小分子H_2O、CO_2或N_2的能量。在净化污染物方面，反应机理则更为复杂，其中，导带电势越负，越有利于O_2活化产生超氧自由基过程和一些需要还原步骤的污染物降解过程；价带电势越正，越有利于H_2O氧化产生羟基自由基过程和空穴直接氧化反应过程。

高效的载流子分离和迁移能力。半导体受光激发产生光生载流子（电子和空穴），部分载流子会发生内部复合，不能及时迁移到催化剂表面与目标物进行反应，影响目标反应的效率。因而需要采取措施避免光生电子-空穴在催化剂内部复合，提高其分离和迁移速率。

较宽的光谱吸收范围。常规锐钛矿型的TiO_2是最常见的紫外光响应光催化剂。但是在整个太阳波谱辐照中，紫外部分（$\lambda<400$ nm）能量仅占5%，而可见光（400 nm $<\lambda<780$ nm）和红外部分（$\lambda>780$ nm）能量分别占46%和49%。充分利用可见光乃至红外光能量，是决定光催化材料实现大规模应用的先决条件。因此，开发可见光响应的高效光催化材料是该领域的研究热点。

（2）光催化材料性能提高途径

目前，提高光催化材料性能的常见途径有以下几种。

形貌结构调控。一是从各维度减小光催化材料的尺寸，如合成二维纳米片、一维纳米棒或纳米线、零维纳米量子点材料等，以此来降低光生电子-空穴从材料内部到表面的传输距离，这样载流子发生复合的几率也大大降低。二是通过构建三维多孔结构、空心球结构、阵列结构、制备光子晶体等方法来减少表面反射，增加光在催化剂内部的传播，从而提高光子被催化剂吸收利用的几率。

元素掺杂。根据掺杂元素类型可以分为金属掺杂和非金属掺杂。金属掺杂后形成的杂质能级可以成为光生载流子的捕获阱，延长载流子的寿命。Choi 等[10]研究了 21 种金属离子对 TiO_2 光催化活性的影响，结果表明 Fe^{3+}、Mo^{5+}、Re^{5+}、Ru^{3+}、V^{4+}、Rh^{3+} 能够提高光催化活性，其中，Fe^{3+} 的效果最好；具有闭壳层电子构型的金属离子如 Li^+、Al^{3+}、Mg^{2+}、Zn^{2+}、Ga^{3+}、Nb^{5+}、Sn^{4+} 对催化性能影响甚微；非金属如 N、S、C、P 和卤族元素等在 TiO_2 中的掺杂也能够提高光催化性能[11]。元素掺杂使催化性能提高的原因有以下几点：一是电价效应。不同价态离子的掺杂产生离子缺陷，可以成为载流子的捕获阱，延长其寿命，并提高电导能力。二是离子尺寸效应。离子尺寸的不同将使晶体结构发生一定的畸变，晶体不对称性增加，提高了光生电子-空穴分离效果。三是掺杂能级。掺杂元素电负性大小的不同，使带隙中形成掺杂能级，可实现价带电子的分级跃迁，光响应红移。

半导体复合构造异质结。利用两种半导体能带结构不同的特点，二者复合后形成内建电场促进光生载流子的定向迁移和再分布，光生电子和空穴分别从半导体 A 和半导体 B 表面输出，从而使电子和空穴得到有效分离。根据不同分类方法，异质结有不同的类型，例如根据异质结两侧半导体导电类型分为 p-n 结、n-n 结、p-p 结，或是根据异质结形成后界面处能带结构差异导致的电子迁移路径不同分为Ⅰ型、Ⅱ型、Ⅲ型异质结，或是根据两种半导体间的形貌结构不同分为混合型、核壳包覆型、同轴包覆型和层层堆叠型异质结等。此外，为了进一步提高异质结性能，研究人员从提高电荷传递速率、促进界面电荷分离、提高反应体系氧化还原能力等角度出发，提出了区别于传统异质结的几种新型异质结概念如肖特基结、相结、晶面结、隧道结、范德华异质结，以及"Z"形和"S"形异质结等。

贵金属沉积。将 Pt、Au、Pd、Rh、Ag 等贵金属作为助催化剂固定到光催化剂表面,一方面可以通过捕获电子或空穴来改善光催化材料的电荷分离性能,另一方面也可降低反应活化能从而提高表面催化反应速率[12]。

负载和固定化。将半导体纳米粒子固定在不同的载体上(如多孔玻璃、硅石、分子筛等)制备较大分子或团簇尺寸的光催化剂,这主要是针对一些需要将光催化剂固定化的应用场合设计。相比粉末催化剂而言,载体型催化剂更便于回收利用,但也存在光利用率不足的问题。

外场耦合。外场(如热场、电场、磁场、微波场和超声波场等)耦合光催化可在不同程度上促使光生载流子的有效分离,改善半导体光催化剂的催化性能。但是,外场耦合光催化协同降解有机污染物的机理还缺乏突破性的进展,对于复合外场耦合光催化水处理技术实现工业化的研究也有待进一步开展。

1.2.2 光催化水处理技术

1.2.2.1 光催化水处理研究进展

人类的生活和生产过程中每年都随水体排出大量的污染物,严重影响了人类赖以生存的环境,因此,废水处理已成为近年来人们关注的焦点问题。光催化氧化技术作为一种低成本、反应条件温和、无二次污染的高级氧化技术,能将多种杀虫剂、表面活性剂、染料、抗生素和酚类化合物等大多数有机污染物降解为 CO_2 和 H_2O 等无毒产物。光催化降解水环境中污染物主要包括两种反应途径:一是利用光催化剂被光激发后产生的强还原性电子和强氧化性空穴进行直接还原与氧化反应。二是通过光生电子和空穴分别与水中的 O_2 和 H_2O 等小分子反应后转化为具有氧化性的单线态氧($^1O_2$)、过氧化氢(H_2O_2)、超氧自由基($\cdot O_2^-$)和羟基($\cdot OH$)等氧化活性物质进行间接氧化反应。

多数有机污染物降解利用的是光催化氧化反应原理,以 TiO_2 光催化降解有机污染物为例,经过自由基淬灭、同位素示踪和电子顺磁共振(EPR)等实验,探索了光催化过程中的反应活性氧,包括·OH、·O_2^- 和 H_2O_2 等[13]作用;在光催化初级反应过程中,光生电子和空穴会分别与 O_2 和表面 OH^- 反应,转化为具有氧化性的 ·O_2^- 和·OH,从而参与光催化氧化反应。·O_2^- 经过质子化作用之后能够成为 H_2O_2 和表面·OH 的另一个来源,多种活性氧物种和价带空穴共同作用,将有机污染物逐步矿化为无毒无害的小分子 CO_2 和 H_2O,如图 1.3 所示。

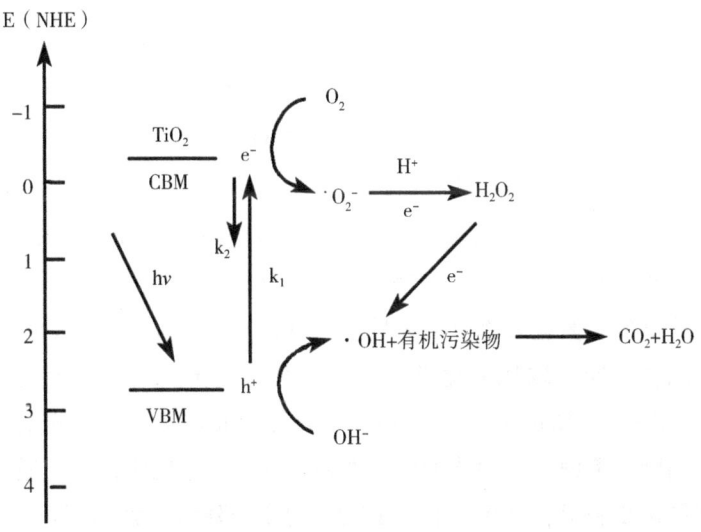

图 1.3 光催化降解有机污染物过程的活性物种产生和氧化反应模型[14]

光催化还原作用主要被用在水体重金属污染治理过程中,金属离子以不同价态存在时常伴随着不同的生物活性和毒理效应。以重金属铬为例,六价铬 Cr(Ⅵ)是具有高氧化电位的毒性物种,易致癌和致突变,在水环境中高度可溶,在不同 pH 值和浓度条件下分别以 $HCrO_4^-$、CrO_4^{2-}、$Cr_2O_7^{2-}$ 等形式存在,且污染周期长、不能自然降解;三价铬 Cr(Ⅲ)是生物正常运行所需的微量元素,且易形成 $Cr(OH)_3$ 沉淀,从水体中被分离。因此,将 Cr(Ⅵ)还原到 Cr(Ⅲ)是进行水体铬污染治理的有效途径,光催化还原水中 Cr(Ⅵ)的主要反应可以概括为公式(E 1.9 至 E 1.17)[15]。

$$\text{Photocatalyst} + h\nu \rightarrow h^+ + e^- \quad (\text{E 1.9})$$

$$HCrO_4^- + 7H^+ + 3e^- \rightarrow Cr^{3+} + 4H_2O \quad (\text{E 1.10})$$

$$Cr_2O_7^{2-} + 14H^+ + 6e^- \rightarrow 2Cr^{3+} + 7H_2O \quad (\text{E 1.11})$$

$$2H_2O + 4h^+ \rightarrow O_2 + 4H^+ \quad (\text{E 1.12})$$

$$O_2 + e^- \rightarrow \cdot O_2^- \quad (\text{E 1.13})$$

$$\cdot O_2^- + e^- + 2H^+ \rightarrow H_2O_2 \quad (\text{E 1.14})$$

$$H_2O_2 + \cdot O_2^- \rightarrow \cdot OH + OH^- + O_2 \quad (\text{E 1.15})$$

$$CrO_4^{2-} + 4H_2O + 3e^- \rightarrow Cr(OH)_3 + 5OH^- \quad (\text{E 1.16})$$

$$CrO_4^{2-} + 4H_2O + 3 \cdot O_2^- \rightarrow Cr(OH)_3 + 5OH^- + 3O_2 \quad (\text{E 1.17})$$

对于一些卤代有机污染物,则需要还原和氧化作用共同加持。例如典型的全氟化合物全氟辛酸(PFOA),是一种烷烃链上所有 H 原子均被 F 原子取代的化学物质,一般的氧化反应途径虽然对于 PFOA 具有一定的降解效果,但存在含氟中间产物累积,脱氟率较低的问题。考虑到 F 原子的电负性强,具有亲电反应特性,通过还原辅助逐步脱氟,将更有利于 PFOA 的完全降解。Wang 等[16]使用 $Pt-Bi_2O_4$ 光催化剂在可见光照射条件下研究了 PFOA 脱氟性能,脱氟过程为 $C_7F_{15}COOH$ 逐步脱去 $-CF_2$ 短链,生成 $C_6F_{13}COOH$,以此类推,最终逐步完全分解为氟离子,同时催化剂保持较高的稳定性。此外,TiO_2-rGO[17]、氮化硼[18]和含 N 空位的 $F-g-C_3N_4$[19] 等催化剂也表现出良好的光催化 PFOA 脱氟和降解能力，以光生电子和含氧活性物种通过还原和氧化作用攻击不同的反应位点，实现 PFOA 矿化。

然而，光催化过程单独作用时对污染物的矿化能力还比较弱，目前，研究大都在实验室规模，距离实际应用仍然任重而道远。通过光催化协同其他高级氧化技术或其他氧化剂（如电催化、等离子体催化、过氧化氢氧化、臭氧氧化和硫酸根自由基氧化等），多途径高效率产生活性氧自由基，加强对有机污染物的矿化，是突破传统光催化氧化技术瓶颈的有效方法，对于太阳光环境水污染控制的实用化进程具有重大意义。

1.2.2.2 光催化协同其他高级氧化技术

基于太阳能光催化技术无需输入能量、清洁无污染的优点，常被用作和其他相对耗能的技术进行协同，应用于水污染控制研究中，例如光-电协同催化和光-等离子体协同催化等，以期在提高降解效率的同时降低系统能耗。

光-电协同催化技术通常是将光催化剂负载在导电基底上制成电极，并借助外加偏压驱动光生电子和空穴向不同电极迁移，从而提高光生载流子的分离效率。具体而言，当光激活的半导体电极浸泡在含有氧化还原电对的电解质溶液中后，在半导体/溶液界面上会形成半导体一侧的空间电荷层、界面上的紧密双电层和液相中的分散层，同时形成的肖特基势垒电场，能使光生电子和空穴以电迁移的方式向相反方向移动，从而实现电荷的有效分离。光阴极部分积累的电子与 O_2 发生反应，产生 H_2O_2 或者 $·O_2^-$，进而对污染物发挥氧化降解作用；光阳极部分积累的空穴则与吸附在催化剂表面的有机物直接发生氧化反应，将有机污染物降解。特别地，当外加偏压高于污染物氧化电位时，污染物同时也会发生直接电化学降解反应,此时电氧化和光催化降解反应将协同发生,即为光电催化降解过程;该反应条件下,既可以通过降低光生电子和空穴的复合效率来增大有机污染物的降解效率,也可以通过电化学氧化直接降解污染物,产生光电协同效应,加速污染物的降解,当然这也可能会改变污染物的降解过程和机理[20]。

光-等离子体协同催化技术,主要是利用高压脉冲放电等离子体技术中高能电子与 H_2O 分子碰撞伴随产生的紫外可见光,激发光催化剂产生电子-空穴对,与高能电子和活性粒子共同参与污染物降解的过程。尤其是在火花放电模式下,电极间形成明亮的主放电通道,可见光的强度甚至远高于紫外光强度[21]。Robinson 等研究表明,28%的放电能量可以转化为紫外光能量,且紫外光的辐射功率可达 200 mW[22]。基于对等离子体光谱和半导体光催化剂研究不断深入的背景下,脉冲等离子体放电体系中的催化剂研究也从以 TiO_2 为主的紫外光响应光催化剂拓展到可见光系列的光催化剂,如 g-C_3N_4 和 WO_3 等[23]。

1.2.2.3 光催化协同 H_2O_2 氧化

光催化协同 H_2O_2 氧化过程也常被称作光类芬顿反应。芬顿反应是高级氧化技术领域的一类主流技术,起源是 1894 年 Fenton 发现 Fe^{2+} 与 H_2O_2 组合能产生强氧化性的·OH,而·OH 和 H_2O_2 在环境领域的工程应用中发挥着重要作用。基于 H_2O_2 的高级氧化技术反应条件温和、氧化能力强、操作简单,但 H_2O_2 的价格及运输、储存成本较高,是制约芬顿反应在环境中大规模应用的主要因素之一。在实际操作中往往会加入过量的 H_2O_2,Li 等研究表明,在均相芬顿反应中加入的 H_2O_2 仅有 25.4%被用于污染物的降解,在 Fe_3O_4/H_2O_2 非均相芬顿反应中 H_2O_2 的有效利用率更是低至 0.4%,大量 H_2O_2 分解为 H_2O 和 O_2 而被浪费掉。光催化协同 H_2O_2 氧化体系，在促进光催化氧化降解效率的同时也有助于提高 H_2O_2 的利用率。有研究者在中试平台进行了 H_2O_2 强化光催化处理苯胺化工废水的应用试验，证明 $TiO_2/UV-H_2O_2$ 协同作用可有效氧化降解炼化企业苯胺废水，实现了 COD≤60 mg·L^{-1}、色度≤20 倍的达标外排要求，技术可行。现场试验总运行成本约 33.12 CNY·m^{-3} 废水，主要为电能消耗与 H_2O_2 试剂费用，通过工艺优化可进一步降低运行成本，相比其他技术具有经济优势[24]。

原位合成 H_2O_2 技术的发展将进一步控制运行成本，即在优化的条件下，通过光催化反应缓慢合成 H_2O_2 并立即在催化剂表面分解产生·OH，从而避免无效分解[25]。具体机理为，光催化剂表面的光生电子和 O_2 接触通过两电子反应途径生成 H_2O_2（反应 E 1.18 至 E 1.19）[26,27]；或者同时利用光生空穴与 H_2O 发生氧化反应产生 H_2O_2（反应 E 1.20 至 E 1.21），通过双通道途径提高光催化中 H_2O_2 的产量[28]。Jiang 等使用 CdS/rGO 做催化剂，在 O_2 饱和的超纯水中进行可见光光催化原位产 H_2O_2 同时降解苯酚，发现受光照激发后 CdS 导带中的光生电子可以从 CdS 转移到 rGO 中，有效抑制电子空穴复合，提高光催化合成 H_2O_2 活性，并明显提高后期对水中苯酚降解的能力[29]。An 等报道了含 Fe 多金属氧酸盐簇（Fe-POM）与 $g-C_3N_4$ 耦联，通过掺杂诱导的界面相互作用，促进光生电子从 $g-C_3N_4$ 迁移到 Fe-POM，其原位合成 H_2O_2 并催化活化 H_2O_2 降解水中磺基水杨酸的能力相比未经改性的纯 $g-C_3N_4$ 催化剂高出 6 倍[30]。

$$e^- + O_2 \rightarrow \cdot O_2^- \quad (E\ 1.18)$$

$$e^- + \cdot O_2^- + 2H^+ \rightarrow H_2O_2 \quad (E\ 1.19)$$

$$h^+ + H_2O \rightarrow \cdot OH + H^+ \quad (E\ 1.20)$$

$$\cdot OH + \cdot OH \rightarrow H_2O_2 \quad (E\ 1.21)$$

1.2.2.4 光催化协同臭氧氧化

光催化臭氧氧化（光/O_3/光催化剂）是 Tanaka 等于 1996 年提出的高级氧化工艺[31]。臭氧氧化性极强，在酸性溶液中的氧化电位为 2.07 V，碱性溶液中的氧化电位为 1.24 V，但是单独采用臭氧氧化法处理水中污染物存在臭氧分子利用率较低、反应时间较长、氧化能力不足等问题。此外，臭氧处理费用高，对一些有机物的处理效果并不是很好。光催化与臭氧氧化的结合，一方面，可以提高臭氧的有效利用从而减少氧化过程中臭氧的投加量，另一方面，光生电子被臭氧分子快速捕获从而降低电子-空穴复合率，大大提高光催化降解水中污染物的反应速率，增强了对污染物的矿化作用。光催化协同臭氧氧化技术可以产生种类丰富的活性氧物种[32]，其反应机理可以用方程式（E 1.22 至 E 1.31）来解释。

$$\text{Photocatalyst} + h\nu \rightarrow h^+ + e^- \quad \text{(E 1.22)}$$

$$O_3 + e^- \rightarrow \cdot O_3^- \quad \text{(E 1.23)}$$

$$\cdot O_3^- + H^+ \rightarrow HO_3 \cdot \quad \text{(E 1.24)}$$

$$HO_3 \cdot \rightarrow O_2 + \cdot OH \quad \text{(E 1.25)}$$

$$O_3 + H_2O + h\nu \rightarrow H_2O_2 + O_2 \quad \text{(E 1.26)}$$

$$H_2O_2 + h\nu \rightarrow 2 \cdot OH \quad \text{(E 1.27)}$$

$$H_2O_2 \rightleftharpoons HO_2^- + H^+ \ (pKa = 11.8) \quad \text{(E 1.28)}$$

$$O_3 + HO_2^- \rightarrow \cdot O_3^- + HO_2 \cdot \quad \text{(E 1.29)}$$

$$HO_2 \cdot \rightleftharpoons \cdot O_2^- + H^+ \ (pKa = 4.8) \quad \text{(E 1.30)}$$

$$O_3 + \cdot O_2^- \rightarrow \cdot O_3^- + O_2 \quad \text{(E 1.31)}$$

在此过程中，首先是光催化剂在一定波长的光照条件下被激发，产生电子 e^- 和空穴 h^+（反应 E 1.22）；其次，臭氧分子 O_3 捕获一个电子 e^-，产生臭氧自由基 $\cdot O_3^-$（反应 E 1.23）；随后，$\cdot O_3^-$ 通过添加1个氢质子 H^+ 的反应，转变为 $HO_3·$（反应 E 1.24）；最后，$HO_3·$ 自分解产生羟基自由基·OH，并释放1个 O_2 分子（反应 E 1.25）；此外，体系中也同时存在 H_2O_2、$HO_2·$ 和 $·O_2^-$ 等含氧活性物种的产生与转化（反应 E 1.26 至 E1.31）。臭氧分子的氧化电位最高为 2.07 V，羟基自由基的氧化电位最高可达 2.70 V，由此可见，经过光催化臭氧化过程后，反应体系的氧化能力明显提升。基于光催化协同臭氧氧化体系的强氧化能力，Kang 等[33]构建了双螺旋结构 Ti 基底-TiO_2 纳米管光催化耦合臭氧流通式反应器，其对多种有机污染物均具有良好的催化降解和矿化能力，且对于实际水（某轧钢废水处理厂二沉池出水）处理效果理想，在 57 min 的水力停留时间内，废水的 COD 值从 124 mg·L^{-1} 降到 45.8 mg·L^{-1}，达到城市污水一级排放标准。Xiao 等[34-38]通过多个工作系统地研究了 $g-C_3N_4$ 光催化协同臭氧氧化的反应原理与应用，并通过原位顺磁共振光谱（EPR）揭示了光催化与臭氧氧化的协同机制。当入口 O_2 气流中添加 2.1 mol% O_3 混合气时，相比纯氧条件能够多捕获 1~2 倍的导带电子并因此改变反应路径，从效率较低的 O_2 三电子转移反应途径（$O_2 \rightarrow ·O_2^- \rightarrow HO_2· \rightarrow H_2O_2 \rightarrow ·OH$）变为更有效的 O_3 单电子还原路径（$O_3 \rightarrow ·O_3^- \rightarrow HO_3· \rightarrow ·OH$），从而使·OH 的产率提高 17 倍[39]。

1.2.2.5　光催化协同硫酸根自由基氧化

硫酸根自由基（$SO_4^-·$）作为一种具有较强活性的自由基，近年来被用在高级氧化处理难降解有机污染物的过程中[40,41]。如表 1.2 所示为常见氧化剂的氧化能力对比情况，可以看出 $SO_4^-·$ 的氧化还原电位为 2.5~3.1 V vs. NHE，是仅次于 F_2（E^0 = 3.06 V vs. NHE）的强氧化剂，比常规高级氧化技术中氧化性极强的羟基自由基（·OH, E^0 = 1.90~2.70 V vs. NHE）氧化能力更强。此外，$SO_4^-·$还具有半衰期长（30~40 μs，·OH 约 1 μs）和 pH 依赖性小（在 pH 值 3~9 均保持活性）等优点[42,43]。

表 1.2　不同氧化剂的氧化能力对比

氧化剂	半反应	氧化还原电势/E^0（V vs. NHE）
F_2	$F_2 + 2H^+ + 2e^- \rightarrow 2HF$	3.06
$SO_4^-·$	$SO_4^-· + e^- \rightarrow SO_4^{2-}$	2.50~3.10
·OH	$·OH + H^+ + e^- \rightarrow H_2O$	1.90~2.70
O_3	$O_3 + 2H^+ + 2e^- \rightarrow O_2 + H_2O$	1.24~2.07
H_2O_2	$H_2O_2 + 2H^+ + 2e^- \rightarrow 2H_2O$	1.76
MnO_4^-	$MnO_4^- + 4H^+ + 3e^- \rightarrow MnO_2 + 2H_2O$	1.67
Cl_2	$Cl_2 + 2e^- \rightarrow 2Cl^-$	1.36

$SO_4^-·$通常由热、超声、紫外光、微波辐射、金属离子催化等方式活化过一硫酸盐（PMS，HSO_5^-）和过二硫酸盐（PDS，$S_2O_8^{2-}$）产生[44-46]。其中，PMS 由于其不对称的结构特点更易使 O-O 键断裂，在生成 $SO_4^-·$和·OH 的过程中具有较高的反应活性[47]，因而在当前的基础研究中受到更多的青睐。在多种活化 PMS 的方法中，热、超声和微波辐射驱动的 PMS 活化需要较高的输入能量和较为复杂的反应装置；紫外光在水中的穿透力较低，且只有在波长小于 254 nm 时所提供的能量才足以打断 PMS 的 O-O 键。这些因素限制了基于 PMS 活化的高级氧化技术的应用范围[48,49]。

过渡金属离子介导的均相催化，可以在不需要能量消耗的情况下通过电子转移等方式拉长或打断 PMS 中 O-O 键，产生具有强氧化性的自由基。Dionysiou 课题组[50]研究了不同过渡金属离子活化

PMS 的性能,并将它们用于 2,4-二氯酚的降解。实验发现,不同金属对活化 PMS 的反应活性顺序由高到低依次为 Co^{2+} > Ru^{3+} > Fe^{2+} > Ce^{3+} > V^{3+} > Mn^{2+} > Fe^{3+} > Ni^{2+}。Co^{2+}/PMS 体系可在宽 pH 值范围内实现对 2,4-二氯酚的高效降解,其反应速率优于传统的芬顿法。均相 Co^{2+} 催化活化 PMS 产生 $SO_4^-\cdot$ 的链式反应机理如图 1.4 所示[51]。在 Co^{2+}/PMS 体系中,Co^{2+} 需要与水反应生成 $CoOH^+$ 之后才能与 PMS 反应产生 $SO_4^-\cdot$,这也是整个催化反应的速率控制步骤;$CoOH^+$ 被 PMS 氧化后,进一步经过链式反应转化为 Co^{3+};鉴于 Co^{3+}/Co^{2+} 的氧化还原电位(1.92 V vs. NHE)较高,Co^{3+} 可以很容易被 HSO_5^- 还原恢复到 Co^{2+} 状态,实现 Co 催化剂的循环利用。但是,均相的 Co^{2+}/PMS 体系高度依赖水基质的 pH 值。pH 值过低,不利于 $Co^{2+}\to CoOH^+$ 的转变,抑制关键步骤的反应速率;pH 值过高,则导致 Co^{3+} 的沉淀,同样造成催化性能的下降。

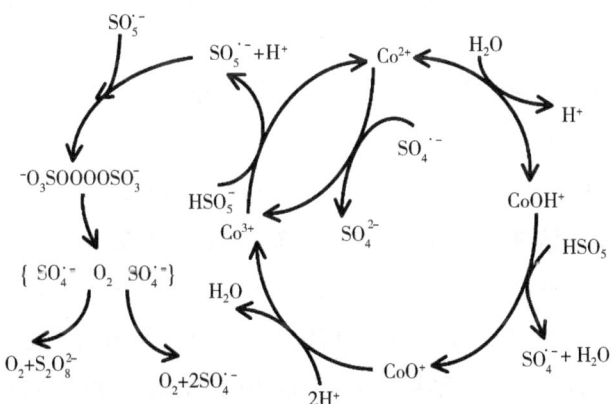

图 1.4 均相 Co^{2+} 离子催化活化 PMS 的链式反应机理

其他金属均相催化也类似,虽然具有反应物传质效率高的优点,但也存在催化剂回收困难和 pH 值依赖性大的不足。此外,水体中用于催化的金属离子可能与有机污染物和其他无机离子形成配位结构，干扰正常的催化反应过程，对催化活性同样具有不利影响，因此，开发非均相催化活化 PMS 反应体系具有十分重要的意义。稳定性好、能耗低、可重复使用和设备简单等优势使非均相催化活化 PMS 成为一种更有前景的高级氧化技术。能有效活化 PMS 的非均相催化剂主要包括基于过渡金属的氧化物型催化剂、负载型多相催化剂、尖晶石型混合金属催化剂、表面功能化的纳米碳材料和杂原子掺杂的碳材料等多相催化剂。此外，传统 PMS 活化方法耗能高的缺点也被太阳光辐照驱动的半导体光催化技术所克服，光催化技术的进步使其可以从紫外光扩展到可见光的利用，因此，通过光催化活化 PMS 去除有机污染物变得更加节能。

将光催化技术与 PMS 氧化联用，不仅能够产生额外的具有更高氧化能力的硫酸根自由基，而且 PMS 作为亲电试剂可以吸引导带的光生电子，提高催化剂中电子-空穴对的分离效率。Hao 等以碳纳米管（CNT）/TiO_2 为催化剂，构建了紫外光辅助 PMS 活化体系。在紫外光照射下，TiO_2 产生的光诱导电子可连续转移到碳纳米管中活化 PMS，提高降解有机污染物的催化性能[52]。Gao 等报道，以可见 LED 灯为光源，PMS 的添加能够有效促进 MIL-53（Fe）催化剂降解水溶液中的酸性橙 7，其降解率相比于 MIL-53（Fe）/Vis 的催化体系提高了 4 倍多[53]。Chen 等制备了可见光驱动的还原氧化石墨烯（RGO）/TiO_2 复合材料，并以 PMS 作为电子受体来加速材料的光催化活性，结果表明，Vis-RGO/TiO_2/PMS 体系对双氯芬酸（DCF）具有较好的降解性能[54]。Wang 等研究发现，N 空位修饰的 g-C_3N_4 纳米管（VCN）在可见光辅助下可有效激活 PMS 分子，其中 N 空位所形成的独特电子结构有利于 PMS 在 VCN 上的可见光激活并大大增强后续对于有机污染物的去除性能[55]。

1.2.3　g-C₃N₄基光催化剂的研究进展

1.2.3.1　g-C₃N₄光催化剂的物理化学性质

氮化碳具有不同的同素异形体，如 α-C_3N_4、β-C_3N_4、g-C_3N_4、立方相和准立方体结构-C_3N_4 等。其中，g-C_3N_4 是环境中结构最稳定的同素异形体。1834 年，Berzelius 和 Liebig 首次报告了 g-C_3N_4，这是最古老的合成聚合物之一，被命名为 Melon。2008 年，Wang 等首次发现 g-C_3N_4 具有可见光催化性能并将其用于光解水产氢[6]，自此引起了光催化领域学者对 g-C_3N_4 的广泛关注和研究。图 1.5 展示了典型 g-C_3N_4 的分子结构、光学性质、能带结构以及合成方法。g-C_3N_4 由地球含量丰富的 C 元素和强电负性的 N 元素以及一些杂质 H 元素组成，是一种通过叔胺二维排列的无金属聚合物半导体[56]。传统的块体 g-C_3N_4 具有多层重复的庚嗪环（heptazine）基本单元，其层间距离（d）和晶格距离（a）分别为 3.19 Å 和 7.15 Å（图 1.5a 和 b），相邻的层是由层间弱 π-π 相互作用产生的范德华力堆积起来的[57]。良好的可见光吸收能力（图 1.5c）源于其较窄的带隙值 2.7 eV。此外，理论上 g-C_3N_4 的导带电势和价带电势分别为-1.3 eV 和+1.4 eV（vs. NHE，pH=7）（图 1.5d），在有机污染物降解和分解水产氢方面均具有良好应用前景。g-C_3N_4 可以通过几种低成本的富氮前驱体的热缩合进行制备，如单氰胺、双氰胺、三聚氰胺、硫脲和尿素等（图 1.5e）。选择不同的前驱体，结合对反应参数（例如热处理的时间和温度）的合适控制，是用于优化 g-C_3N_4 的电子结构和比表面积的有效策略。

现有文献研究表明，g-C_3N_4 原材料地球含量丰富、制备方法简单、化学和热稳定性高，具有可见光响应和结构易于调控等优点[58]，但是它同样也存在许多影响光催化活性的不足之处。其一，g-C_3N_4

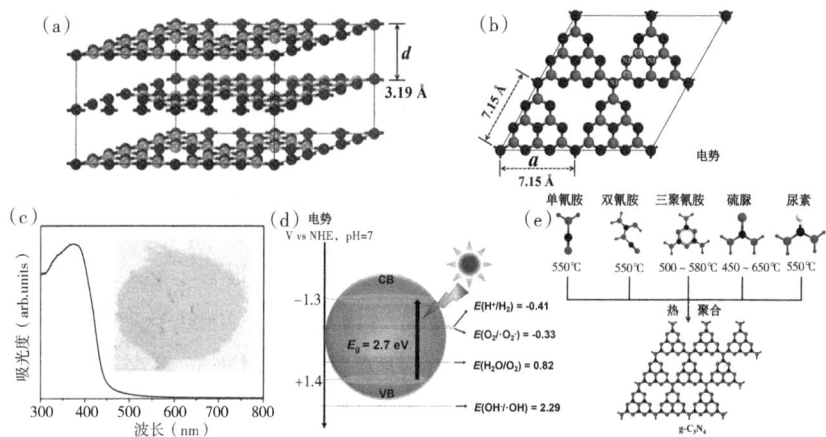

(a) 块体 g-C_3N_4 和（b）单层 g-C_3N_4 的分子结构[7]；（c）典型 g-C_3N_4 光催化剂的紫外可见光谱[6]；（d）g-C_3N_4 的电子能带结构；（e）通过不同前驱体热缩聚合成 g-C_3N_4 的示意

图 1.5　g-C_3N_4 光催化剂的理论性质

的聚合程度较低，常以无定型状态存在，载流子迁移速率低、扩散距离短，光生电子-空穴对在内部复合严重，无法迁移到催化材料表面发生反应。其二，一般热缩聚方法合成的 g-C_3N_4 表现为块体形式[59,60]，比表面积较小，所暴露的表面活性位点非常有限，并且其表面反应能垒较高，导致其参与催化氧化的表面反应速率较低。其三，单独的 g-C_3N_4 光催化剂作用时，难以同时满足宽的光吸收范围以及强的氧化和还原能力要求。因为光吸收范围广意味着需要更小的带隙值，而强氧化还原能力需要同时具备更正的价带电势和更负的导带电势，也就是更大的带隙值，两者是矛盾的。由于这些因素的综合影响，g-C_3N_4 在环境污染控制中的应用和发展受到了极大的制约。因此，研发新型 g-C_3N_4 基光催化剂应用于环境污染控制，需要以拓展光吸收范围、提高电荷分离效率、增加表面活性位点以及同时增强氧化和还原能力为目标,具体的操作方法包括纳米结构调控、元素和分子掺杂、构建异质结复合材料等。

1.2.3.2 纳米结构调控优化 g-C_3N_4 光催化活性

作为一种聚合物半导体,g-C_3N_4 具有易于调整的结构,因此在不同模板的帮助下,它非常适合于形成不同的形态。如图 1.6 所示为文献中几种典型 g-C_3N_4 纳米结构(一维纳米线、二维纳米片、三维纳米多孔结构和三维中空微球结构)的电镜图。

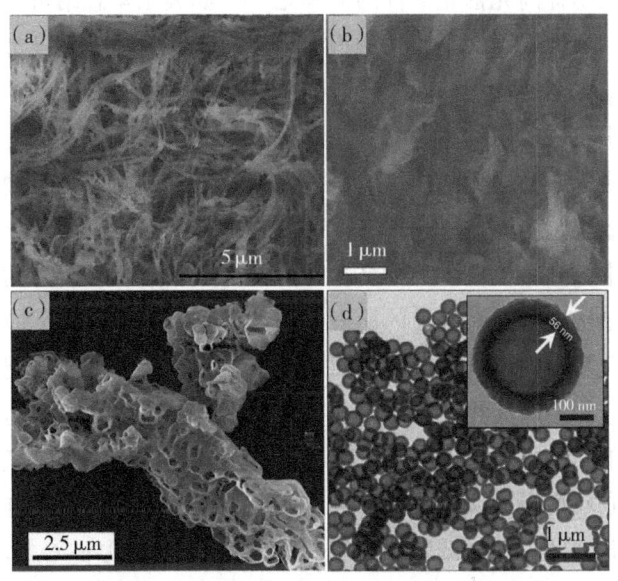

(a) 一维纳米线[61];(b) 二维纳米片[62];(c) 三维纳米多孔结构[63];
(d) 三维中空微球结构[64]

图 1.6 对 g-C_3N_4 进行形貌结构调控后的电镜图

一维纳米结构 g-C_3N_4 催化剂。通过模板法、溶剂热法、调控合适的前体填充度结合热缩合等方法可以制备不同类型的一维纳米

结构 $g-C_3N_4$ 催化剂,如纳米棒、纳米线、纳米带和纳米管等(表1.3)。调节一维纳米结构 $g-C_3N_4$ 的长度、直径和纵横比,可以实现独特的化学、光学和电学性质,从而优化其光催化活性。

二维纳米结构 $g-C_3N_4$ 催化剂。二维纳米片是由范德华相互作用等非特定力产生的层状结构。相比零维和一维材料,二维纳米片可以提供更大的比表面积,纳米片上大量的表面缺陷和暴露的内部原子可以增加催化活性位点数量和光吸收能力。适当原子厚度的薄片还可以增强光生电荷的分离,缩短电荷从体相到表面的传输距离,这也是提高光催化活性的方案之一。如表1.4总结可知,在有机溶剂、酸性或碱性介质中进行液相超声或二次热处理,可以实现从块状 $g-C_3N_4$ 到薄层 $g-C_3N_4$ 纳米片的有效剥离。部分研究者制备得到几乎单层的 $g-C_3N_4$,有利于更好地分析和理解 $g-C_3N_4$ 的物理化学性质。通常增大的比表面积、提高的电子传输能力和增强的电荷分离效率是 $g-C_3N_4$ 薄层催化活性提高的主要原因。

三维纳米结构催化剂。多孔光催化剂是非常有吸引力的,因为其多孔结构通常具有巨大的比表面积,从而提供丰富的反应活性位点,其众多的通道可以促进目标反应物的传质扩散,加强催化剂与目标反应物之间的相互作用,并有效提高电荷迁移和分离速率。通过选择不同的模板可以对多孔结构进行调节和优化,所以经常使用硬模板或软模板方法来合成多孔 $g-C_3N_4$(表1.5)。六角有序介孔二氧化硅 SBA-15 常被用作硬模板来合成有序介孔 $g-C_3N_4$,得到的 $g-C_3N_4$ 实际上是 SBA-15 的反向复制品。模板剂的去除使 $g-C_3N_4$ 产生三维互连结构,所得到的孔径与用作模板的二氧化硅纳米粒子的尺寸一致。此外,一些研究表明,通过无模板方法也可以合成多孔 $g-C_3N_4$,其原理是引入尿素、硫脲等试剂,在热聚合生成 $g-C_3N_4$ 过程中产生气泡,从而诱导形成多孔结构。

1 绪 论

表 1.3 g-C_3N_4 的一维纳米结构研究

研究者	g-C_3N_4形貌	前体	合成方法	结构特征	研究结论
Li et al. [65]	纳米棒	氰胺	阳极氧化铝（AAO）硬模板法	直径 260 nm	AAO 模板对于改善 g-C_3N_4 的结晶度和取向以增强电荷载流子迁移率至关重要的，所得的 g-C_3N_4 纳米棒还具有更正的价带氧化电位
Li et al. [66]	介孔纳米棒	氰胺	SBA-15 纳米棒硬模板法	直径 100 nm 比表面积 110～200 $m^2·g^{-1}$	所得 g-C_3N_4 纳米棒有界限清楚的通道，适合负载用于不同催化光催化应用的各种均匀金属颗粒
Bai et al. [67]	纳米棒	双氰胺	在甲醇和 H_2O 的混合溶剂中回流	直径 100~150 nm	g-C_3N_4 纳米板可通过剥离再生长和回流操作转化为纳米棒。g-C_3N_4 纳米棒的活性晶格面增加，表面缺陷减少，这有利于光催化反应
Cui et al. [68]	纳米棒交联网络	氰脲酰氯和三聚氰胺	亚临界乙腈溶剂热方法	直径 50~60 nm 长度几微米	该合成路线所需温度低（180℃），但同时也长（96 h），纳米棒产量大于 90%，样品结晶性较低，但光吸收范围宽（650 nm），灭氯酚降解催化活性提高
Tahir et al. [61]	纳米纤维	HNO_3 预处理的三聚氰胺	乙醇溶剂分散锂合化学气相沉积热处理	直径 100 nm 长度 20 μm 结构致密均匀	合成的 g-C_3N_4 纳米纤维具有一维结构。其次，g-C_3N_4 纳米纤维其导电性能和电化学性能。g-C_3N_4 纳米纤维的高表面积提供了较大的电极电解质接触面积，充足的光收集性质，以及较高的氧化还原电位。基于这些优点，与块状 g-C_3N_4 相比，g-C_3N_4 纳米纤维在 RhB 光降解过程中表现出更强的光催化活性

（续表）

研究者	g-C$_3$N$_4$形貌	前体	合成方法	结构特征	研究结论
Tahir et al.[69]	纳米微串	HNO$_3$预处理的三聚氰胺	乙二醇溶剂分散结合化学气相沉积热处理	长宽比为50，直径24 μm，长度几十微米	所制备g-C$_3$N$_4$纳米微串具有较高的比表面积和较大的展弦比，可以提供更多的反应位点，降低了光激发表流子的复合概率，也增加了电荷的输运。预期该材料在能源环境催化、光电探测器、锂离子电池和发光材料等领域都具有应用前景
Tahir et al.[70]	纳米管	三聚氰胺	乙二醇加HNO$_3$预处理后进行热聚	直径0.8 μm，长度20 μm，结构致密均匀	相比块状g-C$_3$N$_4$，管状g-C$_3$N$_4$具有独特的形态和高比表面积（182.61 m^2·g^{-1}），反应活性位点增加，表现出良好的光催化活性和更高的稳定性
Wang et al.[71]	纳米管	三聚氰胺	通过振荡调整合适的前体填充度结合热聚合法	壁厚15 nm，内径18 nm	合成过程无需任何添加剂，成本低，工业可行性高。纳米管g-C$_3$N$_4$可见光催化活性增强

表1.4 g-C$_3$N$_4$的二维纳米结构研究

研究者	g-C$_3$N$_4$形貌	前体	合成方法	结构特征	研究结论
Yang et al.[62]	纳米片	三聚氰胺热聚合制备的块状g-C$_3$N$_4$	低沸点异丙醇溶剂超声辅助液相剥离	厚度2 nm，表面积284 m^2·g^{-1}	EIS和PL结果分析表明，与块状g-C$_3$N$_4$相比，薄层g-C$_3$N$_4$纳米片的电子转移电阻降低了75%，剥离后的纳米片电荷运输和分离能力提高，光致电子和空穴的复合率降低

(续表)

研究者	g–C_3N_4形貌	前体	合成方法	结构特征	研究结论
She et al.[72]	纳米片	三聚氰胺热聚合制备的块状 g–C_3N_4（比表面积 3 $m^2 \cdot g^{-1}$）	1–3 丁二醇溶剂超声辅助液相剥离	厚 0.9~2.1 nm（3~6 个原子层）比表面积 32 $m^2 \cdot g^{-1}$	光电化学分析表明 g–C_3N_4 的电子传递阻力在剥离后降低了 60%，在可见光辐照下薄层 g–C_3N_4 光致电流更高，光致电荷载流子的传输和分离性能提高
Kumar et al.[73]	介孔纳米片	三聚氰胺热聚合制备的块状 g–C_3N_4（比表面积 8 $m^2 \cdot g^{-1}$）	在乙醇和水的混合溶剂中超声剥离	比表面积 112 $m^2 \cdot g^{-1}$	介孔 g–C_3N_4 纳米片具有较高的比表面积、高效的吸附能力和独特的介孔界面结构，有利于光诱导电子空穴对的有效吸收和分离，从而具有较高的光催化性能
Xu et al.[74]	纳米片	双氰胺热聚合制备的块状 g–C_3N_4（比表面积 4 $m^2 \cdot g^{-1}$）	浓 H_2SO_4 溶液超声剥离	厚度 0.4 nm（单原子层）	光电流和 EIS 测量表明在这些单原子层 g–C_3N_4 纳米片中的光生电荷载流子的传输与分离性能提高
Sano et al.[75]	纳米片	三聚氰胺热聚合制备的块状 g–C_3N_4（比表面积 8 $m^2 \cdot g^{-1}$）	NaOH 溶液水热处理	比表面积 65 $m^2 \cdot g^{-1}$	强碱剥离所形成的 g–C_3N_4 纳米片晶粒尺寸显著减小，同时形成介孔结构，比表面积增大

（续表）

研究者	g-C_3N_4形貌	前体	合成方法	结构特征	研究结论
Niu et al.[76]	纳米片	双氰胺热聚合制备的块状g-C_3N_4（比表面积4 $m^2 \cdot g^{-1}$）	热氧化蚀刻剥离	厚度2 nm 比表面积306 $m^2 \cdot g^{-1}$	电流-电压特性分析表明在这些纳米片的面内方向上电子传递能力增强，同时分辨荧光衰减光谱表明由于量子约束效应导致的光致电荷载流子寿命的增加
Xu et al.[77]	纳米片	双氰胺热聚合制备的块状g-C_3N_4	NH_4Cl插层结合热剥离方法	厚度2~3 nm（6~9个原子层）比表面积30 $m^2 \cdot g^{-1}$	相比于块状g-C_3N_4，制备所得g-C_3N_4纳米片的电子传输能力增加。热剥离方法被认为是制备薄层g-C_3N_4的低成本、大规模和环境友好的方式
Zhao et al.[78,79]	纳米片	三聚氰胺聚合制备的块状g-C_3N_4	有机溶剂超声处理结合热剥离法	厚度0.4~0.5 nm（单原子层）	这种超薄层的g-C_3N_4确保了电荷载流子的短距离迁移，获得了高得多的电荷分离效率。相比状g-C_3N_4，超薄g-C_3N_4具有17倍高的光电流，较低的电荷转移阻力和更长的光诱导电荷载流子寿命

表1.5 g-C_3N_4的三维纳米结构研究

研究者	g-C_3N_4形貌	前体	合成方法	结构特征	研究结论
Chen et al.[80]	有序介孔结构	氰胺	硬模板法	比表面积239 $m^2 \cdot g^{-1}$ 孔体积0.34 $cm^3 \cdot g^{-1}$ 孔径5.3 nm	有序介孔g-C_3N_4的孔径小于SBA-15模板的孔径（10.4 nm），这因为SBA-15的反向复制品的孔径的尺寸不是对应于模孔尺寸，而是对应于模板的孔壁厚度

（续表）

研究者	g-C_3N_4形貌	前体	合成方法	结构特征	研究结论
Zhang et al.[81]	有序介孔结构	氰胺	硬模板法	比表面积 517 $m^2 \cdot g^{-1}$ 孔体积 0.49 $cm^3 \cdot g^{-1}$	用稀HCl预处理SBA-15，然后应用超声和真空作用，由此改善氰胺分子进入SBA-15孔中的渗透作用，所制备的二氧化硅模板和氰胺之间的相互作用，所制备的有序介孔g-C_3N_4具有更高的表面积和更大的孔体积
Fukasawa et al.[82]	有序介孔结构	氰胺	硬模板法	20 nm孔样品对应最大比表面积230 $m^2 \cdot g^{-1}$ 70 nm孔样品对应最大孔体积1.70 $cm^3 \cdot g^{-1}$	使用紧密堆积的均匀尺寸的二氧化硅纳米球组件作为模板，氰胺为前体，制备初级二氧化硅纳米球的g-C_3N_4的平均孔径介孔结构。该策略通过将初级二氧化硅纳米球的尺寸从20 nm改变为80 nm，允许将g-C_3N_4有序介孔的孔径从13 nm调节至70 nm。并且g-C_3N_4有序多孔结构可以进一步用作硬模板以制备规则排列和尺寸可调的Ta_3N_5纳米颗粒
Yan et al.[83]	介孔结构	三聚氰胺	软模板法	比表面积 90 $m^2 \cdot g^{-1}$	使用普朗克尼P123模板剂，所得介孔g-C_3N_4具有高比表面积和高达800 nm的光吸收扩展范围
Xu et al.[84,85]	纳米多孔结构	双氰胺	气泡模板化方法	比表面积 30 $m^2 \cdot g^{-1}$	操作简易且无毒，以硫脲或尿素用作气泡形成模板。硫脲或尿素的分解期同产生热双氰胺诱导形成g-C_3N_4多孔结构，其显示比纯双氰胺制备的g-C_3N_4更高的比表面积
Dong et al.[86]	多孔结构	三聚氰胺盐酸盐	无模板法	比表面积 69 $m^2 \cdot g^{-1}$	操作简单，仅以三聚氰胺盐酸盐替代普三聚氰胺做前体热聚合即可

(续表)

研究者	g-C_3N_4形貌	前体	合成方法	结构特征	研究结论
Han et al.[87]	多孔结构	双氰胺	无模板法	比表面积 201~209 $m^2 \cdot g^{-1}$ 孔体积 0.50~0.52 $cm^3 \cdot g^{-1}$	本方法特点在于根据勒夏特列原理在不同窗口尺寸的半封闭系统中控制双氰胺的固有分解
Shen et al.[63]	分层多孔结构	三聚氰胺	无模板法	比表面积 35.6 $m^2 \cdot g^{-1}$	利用氰尿酸作为三聚氰胺的聚合抑制剂并获得分层结构的多孔 g-C_3N_4,得到较大比表面积,提供丰富的反应位点

中空微球形式的光催化剂能够通过中空结构内的连续反射捕获更多的入射光,从而产生更多的光致电荷载流子,提高光催化剂的活性和效率。中空 $g-C_3N_4$ 球的制备比较困难,因为 $g-C_3N_4$ 聚合物的层状结构在加工过程中容易塌陷。Sun 等[64]以单分散二氧化硅纳米粒子与薄介孔二氧化硅壳为硬模板以制备 $g-C_3N_4$ 中空纳米球,即用氰腈与上述介孔壳混合浸渍,然后将其热缩合并随后除去整个二氧化硅核-壳模板,得到均匀的 $g-C_3N_4$ 介孔纳米球。通过改变介孔二氧化硅的厚度,中空 $g-C_3N_4$ 纳米球的壳厚度可以从 56 nm 调整到 85 nm。$g-C_3N_4$ 空心纳米球可以充当聚光天线,也是构建特定光催化体系的优良平台。此外,前驱体超分子自组装法被证明是 $g-C_3N_4$ 的重要合成方法之一。通过分子间的弱相互作用力,如三聚氰胺与三嗪衍生物之间的氢键相互作用,形成有序的超分子组装体,再进一步焙烧热聚合可制备氮化碳纳米材料。例如以氰尿酸-三聚氰胺络合物为前体,结合不同极性的溶剂分散可以得到不同形态结构。其中,在二甲亚砜中得到了三维宏观组合物[88]或花状层状球状聚集物[89],在乙醇中得到了有序煎饼状结构[90]。在热缩聚之后,前体的这些初始形态形式被部分保留,同时在其内产生中空结构,所得产物显示为中空三维组件、介孔中空球和中空盒,均显示出优异的光催化活性。

以上研究工作表明使用不同的模板或非模板方法可以制备 $g-C_3N_4$ 的各种纳米结构。这些纳米结构表现出许多优点,并且可以用作构建特定光催化体系的优异平台。

1.2.3.3 元素掺杂和分子掺杂调控优化 $g-C_3N_4$ 光催化活性

光催化剂的带隙结构与其光吸收范围和氧化还原能力息息相关。紫外-可见(UV-Vis)吸收光谱通常可被用于确定半导体的带隙，X射线光电子能谱（XPS）价带光谱和紫外光电子能谱（UPS）则是被用来研究价带的主要手段。$g-C_3N_4$的光吸收能力和氧化还原电位可通过调节其带隙结构来进行调控，从而改善其光催化性能；而调节$g-C_3N_4$能带结构的主要策略是在原子水平和分子水平进行元素掺杂或有机分子共聚等操作。

在元素掺杂方面的研究包括非金属元素掺杂和金属元素掺杂，一些元素掺杂类型和作用效果示例如表1.6所示。

表1.6　$g-C_3N_4$的元素掺杂研究

研究者	掺杂类型	作用效果
Hong et al.[91]	非金属元素硫掺杂	原位取代碳原子，降低了介孔$g-C_3N_4$的导带电位
Wang et al.[92]	非金属元素氟掺杂	形成CN基质中的C-F键，使$C-sp^2$部分转化为$C-sp^3$，从而使得带隙减小、光吸收范围增大
Yan et al.[93]	非金属元素硼掺杂	可以在$g-C_3N_4$中形成$C-NB_2$或$2C-NB$基团，使带隙轻微降低，从2.7 eV变为2.66 eV
Zhang et al.[94]	非金属元素碘掺杂	取代sp^2-键合的N，产生扩展的芳香族杂环来提高光吸收能力
Fan et al.[95,96]	非金属元素氧掺杂	使导带最小值降低0.21 eV而不改变价带的最大值
Dong et al.[97]	非金属元素碳自掺杂	取代桥氮原子，在掺杂的C原子和芳香杂环之间形成离域π键，有利于电子转移，而且导致带隙的减小
Pan et al.[98]	贵金属元素Pt和Pb掺杂	DFT计算表明，金属元素如Pt和Pb掺入$g-C_3N_4$纳米结构中可以有效提高载流子迁移率，降低带隙值，提高光吸收能力，这些性能的改进对于光催化反应都是有益的
Wang et al.[99]	金属离子Fe^{3+}和Zn^{2+}掺杂	在$g-C_3N_4$的结构中包含Fe^{3+}和Zn^{2+}可以降低带隙并且延长可见光吸收范围
Ding et al.[100]	过渡金属阳离子Fe^{3+}、Mn^{3+}、Co^{3+}、Ni^{3+}和Cu^{3+}	过渡金属阳离子如Fe^{3+}、Mn^{3+}、Co^{3+}、Ni^{3+}和Cu^{3+}引入到$g-C_3N_4$骨架中可以用于将光吸收扩展到更长的波长范围和减少光生电子和空穴的复合

(续表)

研究者	掺杂类型	作用效果
Gao et al.[102,103]	碱金属离子 Li^+、Na^+ 和 K^+	碱金属离子例如 Li^+、Na^+ 和 K^+ 与 Cl^- 一起配位到 $g-C_3N_4$ 框架中,可在不同的插入区域中诱导空间电荷载流子重新分布
Xu et al.[104]	稀土元素如铈	使 $g-C_3N_4$ 的带隙变窄

其中,非金属元素阴离子一般是通过取代 $g-C_3N_4$ 中的 C 或 N 元素达到掺杂的目的,其作用效果是窄化 $g-C_3N_4$ 的带隙并改善其光捕获能力。金属元素阳离子能够掺杂到 $g-C_3N_4$ 结构中,主要是由于带正电的阳离子与 $g-C_3N_4$ 中带负电荷的氮原子之间的相互作用,使 $g-C_3N_4$ 具有很好的捕捉阳离子的能力[105]。金属元素掺杂同样有窄化带隙和拓展光吸收范围的作用,除此之外还可以有效提高载流子迁移率。

在分子掺杂方面,$g-C_3N_4$ 聚合物的分子结构是由含氮丰富的前驱体组成的,在前驱体的共聚合过程中,对分子结构进行微小的修饰,并与结构匹配有机添加剂相结合,使电子结构的调节成为可能。目前已经报道了一系列通过锚定有机基团改性的氮化碳样品,它们是在不同氮化碳前驱体单体-共聚单体对的存在下获得的,例如双氰胺-巴比妥酸[106]、双氰胺-2-氨基苄腈[107]、双氰胺-二氨基马来腈[108]、尿素-苯基脲[109] 和双氰胺-3-氨基噻吩-2-甲腈等。这种将有机基团锚定到 $g-C_3N_4$ 的相关分子掺杂可以显著地缩窄其带隙并增强光捕获能力。Zhang 等[110]通过双氰胺与不同量的巴比土酸(BA)的共聚而改性的碳氮化物在 2.67~1.58 eV 的范围内表现出可调谐带隙,并且因此导致光吸收范围逐渐延伸直至 750 nm。Zou 等[111]通过将蜜勒胺与均苯四酸二酐引入 $g-C_3N_4$ 的骨架中,得到改性的氮化碳聚酰亚胺,这种共聚改性显著降低了 $g-C_3N_4$ 导带

(CB) 和价带 (VB) 的位置，同时使其带隙变宽。分子掺杂是改变 g-C_3N_4 带隙的独特方式，但通常不能用于无机半导体。在 g-C_3N_4 纳米片的边缘处锚定非常少量的结构匹配有机基团可以显著影响其带隙和光捕获能力，通过改变有机添加剂的掺杂量可以获得具有所需带隙的 g-C_3N_4[112]。

为了说明通过元素掺杂和分子掺杂的 g-C_3N_4 对于带隙结构的调整，改性 g-C_3N_4 的一些典型样品的能带结构总结如图 1.7 所示。

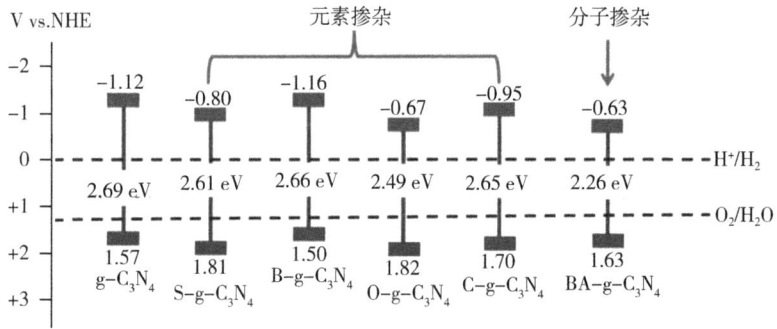

图 1.7　通过元素掺杂和分子掺杂改性的 g-C_3N_4 典型样品的能带结构示意[113]

注：样品包括 g-C_3N_4、S-g-C_3N_4、B-g-C_3N_4、O-g-C_3N_4、C-g-C_3N_4、BA-g-C_3N_4。

1.2.3.4　构建异质结复合材料调控优化 g-C_3N_4 光催化活性

异质结的构造是通过促进光致电子和空穴的分离来提高半导体光催化性能的有效方法。g-C_3N_4 的聚合物柔性结构特征有利于它和各种半导体之间形成紧密互联的异质结[114]。目前研究中已有大量半导体与 g-C_3N_4 偶联以形成半导体-半导体异质结，包括金属氧化物（如 TiO_2、ZnO、WO_3、Cu_2O、In_2O_3、Fe_2O_3、MoO_3、CeO_2、SnO_2 和 Nb_2O_5）、多组分的氧化物（如 $ZnWO_4$、$ZnFe_2O_4$、Zn_2GeO_4、

$SrTiO_3$、In_2TiO_5、$DyVO_4$、$GdVO_4$、$LaVO_4$、YVO_4、$NaTaO_3$、$NaNbO_3$、HNb_3O_8、$H_2Ta_2O_6$ 和 $H_3PW_{12}O_{40}$）、金属氮氧化物（如 TaON 和 ZnGaNO）、金属硫属化物（如 CdS、$CuInS_2$、和 $CuGaSe_2$）、铋基化合物（如 $BiPO_4$、$BiVO_4$、Bi_2WO_6、BiOCl、BiOBr、BiOI、$Bi_2O_2CO_3$ 和 $Bi_5Nb_3O_{15}$）、基于银的化合物（如 Ag_2O、Ag_3PO_4、Ag_3VO_4、Ag_2S、AgCl、AgBr 和 AgI）和有机半导体（如聚 3-己基噻吩、石墨化聚丙烯腈）等[113]。其中，研究较多的主要是传统的Ⅱ型异质结和全固态 Z 型异质结，表 1.7 举例说明了基于 $g-C_3N_4$ 的部分异质结光催化剂及其应用。

表 1.7 基于 $g-C_3N_4$ 的部分异质结光催化剂及其应用

研究者	催化剂名称	异质结类型	光催化应用
Zhou et al.[115]	$g-C_3N_4/TiO_2$	Ⅱ型	降解甲基橙
Wang et al.[116]	$g-C_3N_4/ZnO$	Ⅱ型	降解亚甲基蓝
Gao et al.[117]	$g-C_3N_4/CdS$	Ⅱ型	产氢和 CO_2 还原
Cao et al.[118]	$g-C_3N_4/In_2O_3$	Ⅱ型	产氢
Yan et al.[119]	$g-C_3N_4/P_3HT$	Ⅱ型	产氢
Gong et al.[120]	$g-C_3N_4$/MIL-101（Fe）	Ⅱ型	降解双酚 A
Zhang et al.[121]	$g-C_3N_4/g-C_3N_4$（CNS-CN）	Ⅱ型	产氢
Dong et al.[122]	$g-C_3N_4/g-C_3N_4$（CT-TU）	Ⅱ型	去除 NO
Zeng et al.[123]	$g-C_3N_4/g-C_3N_4$（tri-/tri-stri-C_3N_4）	Ⅱ型	产氢
Katsumata et al.[124]	$g-C_3N_4/Ag/AgPO_4$	S-C-S Z 型	降解甲基橙
Yang et al.[125]	$g-C_3N_4/Ag/AgBr$	S-C-S Z 型	降解甲基橙和罗丹明 B
He et al.[126]	$g-C_3N_4/MoO_3$	Ⅱ型和 S-S Z 型	降解甲基橙、罗丹明 B 和亚甲基蓝

(续表)

研究者	催化剂名称	异质结类型	光催化应用
Jin et al.[127]	$g-C_3N_4/WO_3$	S-S Z 型	乙醛氧化
Yu et al.[128]	$g-C_3N_4/WO_3$	S-S Z 型	产氢
Kondo el al.[129]	$g-C_3N_4$/S-doped TiO_2	S-S Z 型	降解乙醛
Kumar et al.[130]	$g-C_3N_4$/N-doped ZnO	S-S Z 型	降解罗丹明 B

(1) Ⅱ型异质结：传统Ⅱ型异质结的构建，需要 $g-C_3N_4$ 的导带和价带位置高于或低于另一半导体的导带和价带位置。两个半导体单元之间的化学势差导致异质结的接触面附近发生能带弯曲。这种能带弯曲诱导产生内建电场，驱动光生电子和空穴的反方向迁移（图 1.8 a）[131]。当异质结被具有高于或等于两个半导体的带隙能量的光子照射时，异质结的两个单元可以同时被激发。在这种情况下，半导体Ⅰ（SⅠ）的导带位置高于半导体Ⅱ（SⅡ）的导带位置，使 SⅠ 的光生电子迁移到 SⅡ 的导带中，同时 SⅡ 的价带低于 SⅠ 的价带，使 SⅡ 的光生空穴迁移到 SⅠ 的价带中，这样就实现了电子和空穴的空间累积。另外，两个半导体单元之间的接触面积越大越有利于跨异质结界面的有效空间电荷再分布。这种电荷再分布可以促进电荷分离，从而提高光催化性能。

(2) Z 型异质结：利用传统的Ⅱ型异质结可以实现有效的空间电荷分离，但该体系中载流子分别向低能量侧（SⅡ 的导带和 SⅠ 的价带）迁移和积累，造成电子还原能力和空穴氧化能力减弱。针对以上问题，研究者借鉴自然光合作用中电子传递机理开发了 Z 型异质结催化剂。传统的 Z 型异质结需要电子受体/供体对作为电子介体。而新型的全固态 Z 型异质结则避免了电子/供体对的引入，在固态体系中实现类似的电子传递方案[132-134]，如半导体-半导体（S-S）Z 型异质结（图 1.8b）和半导体-导体-半导体（S-C-S）Z

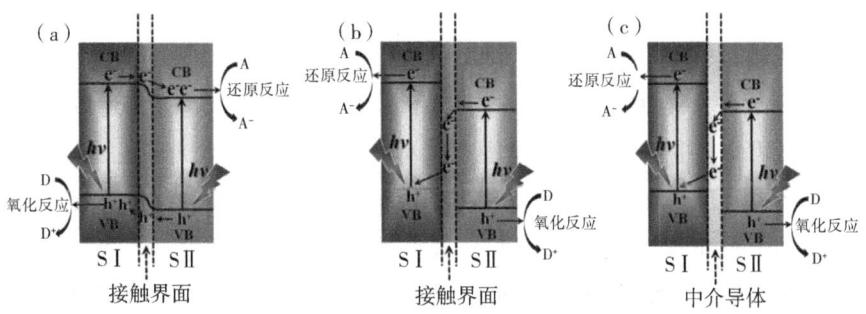

(a) 传统的Ⅱ型异质结，(b) 全固态S-S Z型异质结，(c) 全固态S-C-S Z型异质结。SⅠ、SⅡ、A和D分别表示半导体Ⅰ、半导体Ⅱ、电子受体和电子给体

图1.8　光催化反应的不同半导体异质结的示意

型异质结（图1.8c）的机理图示。S-S Z型异质结和S-C-S Z型异质结都表现出高空间电荷分离效率，在没有任何电子受体/供体对的情况下表现出优异的氧化和还原能力[135,136]。特别地，对于S-S Z型异质结，来自具有较低负CB值的SⅡ的光生电子倾向于经由接触界面转移到具有较低正VB值的SⅠ，并且进一步被激发到SⅠ的CB，在半导体Ⅱ的VB中留下空穴。对于S-C-S Z-型异质结的情况下，则使用SⅠ和SⅡ之间的导体材料作为电子介体，使光致电子能够顺利从SⅡ迁移到SⅠ。Kumar等[130]报道了通过分散-蒸发方法合成N-掺杂ZnO/g-C_3N_4混合物核-壳纳米板。通过分析N掺杂ZnO/g-C_3N_4核-壳结构催化剂在光催化降解罗丹明B过程中的反应活性物种，提出了直接Z型异质结机制。由于N掺杂ZnO的导带负电势值比$O_2/·O_2^-$还原电势低，g-C_3N_4价带正电势值比$H_2O/·OH$氧化电势低，如果两者形成传统的Ⅱ型异质结很难产生·O_2^-和·OH。考虑到反应体系中检测到·O_2^-和·OH的存在，光致电子-空穴分离应该遵循类似图1.8b所示的直接Z型异质结机理过程，还原和氧化反应可分别发生在g-C_3N_4的导带和N掺杂ZnO

的价带。针对 $g-C_3N_4$ 与其余几种半导体的结合，文献中也报道了类似的直接 Z-型异质结，如 $g-C_3N_4$-硫掺杂 TiO_2[129]、$g-C_3N_4$-WO_3[127,137]、$g-C_3N_4$-MoO_3[138,139] 和 $g-C_3N_4$-$BiOCl$[140] 等。由以上分析可知，Ⅱ型异质结和全固态 Z 型异质结各有优势，其中，全固态 Z 型异质结不仅可以实现优异的电荷分离效率，而且保持复合催化剂中半导体对（SⅠ和SⅡ）各自强的氧化还原能力。因此，基于 $g-C_3N_4$ 的全固态 Z 型异质结催化剂在光催化环境污染控制中具有很大的应用前景，尤其是需要同时使用还原原理和氧化原理的污染物去除工作。

（3）肖特基结和类肖特基结：除使用半导体与 $g-C_3N_4$ 偶联以构建异质结外，金属材料与 $g-C_3N_4$ 在接触界面所形成的结也有可能促进光生载流子的分离，这类交界面称为肖特基结[141]。基于 $g-C_3N_4$ 构建肖特基结的关键要素在于其费米能级相比金属的费米能级更负，二者界面处的电子由 $g-C_3N_4$ 流向金属，直至两者费米能级被拉平，此时 $g-C_3N_4$ 的能带整体向下移动，导致界面处其能带向上弯曲形成肖特基势垒[142-144]。受肖特基势垒影响，电子只能由 $g-C_3N_4$ 流向金属而不会反向回流，因而有效促进光生电子-空穴对的分离。另外，与肖特基结相类似，部分具有良好导电性的碳材料与 $g-C_3N_4$ 形成异质结后也可通过电子单向传输特性促进电荷分离，因此被称为类肖特基结[145,146]。

（4）范德华异质结：将不同的二维纳米材料进行层-层堆叠组装得到的复合材料层内由共价键相连、层间由范德华力相连，以这种方式接触的结构被称为范德华异质结[147,148]。在二维纳米材料间构建范德华异质结，可有效增加界面处的接触面积、减小电荷传递势垒，从而促进界面处电荷分离，同时具有大的吸光表面和反应表面，这些因素均有利于提高其光催化效率。选取合适的二维材料与 g-C_3N_4 纳米片构建范德华异质结,在光催化领域具有广阔的应用前景[149-151]。二维 Ti_3C_2 作为一种新型 MXene 材料,表现出良好的金属导电性以及合适的费米能级,满足与 g-C_3N_4 构建类肖特基结的条件且同时具备范德华异质结特征。然而,截至目前,利用 Ti_3C_2 与 g-C_3N_4 构建异质结用于光催化水处理还鲜有报道。

1.2.3.5　g-C_3N_4 基光催化剂在环境水处理中的应用和展望

对于有机污染物引起的环境问题,半导体光催化技术是经济有效的策略之一。由于独特的电子结构和物理化学性质,g-C_3N_4 已广泛用于各种污染物的光催化降解,包括甲基橙(MO)、罗丹明 B(RhB)、亚甲基蓝(MB)、芳香族化合物和醛等,此外,空气中无机有毒气体 NO 的去除和重金属离子 Cr(Ⅵ)的还原等亦有相关研究。

已有文献报道,负载有 Au 或 Ag 纳米颗粒的 g-C_3N_4 对分解甲基橙(MO)具有优异光催化活性,这是由于表面等离子体共振效应和 Au 或 Ag 纳米颗粒电子捕获效应的协同作用。另外,Han 等[152]将 Co_3O_4 引入 g-C_3N_4 中以捕获 g-C_3N_4 的光生空穴,这导致 MO 的有效降解。Hou 等[153]制备出 g-C_3N_4/氮掺杂石墨烯/MoS_2 的三元层状纳米结构,表现出对降解 MB 和对还原 Cr(Ⅵ)的有效可见光催化性能,这可归因于增强的光吸收、有效的电荷迁移和界面电荷分离。g-C_3N_4/碳复合材料对于降解各种污染物也显示出优异性能,例如 g-C_3N_4/有序介孔碳用于降解 RhB[154]、g-C_3N_4/石墨烯用于降解 RhB[155]、g-C_3N_4/C_{60} 用于降解 RhB[156] 和 MB[157]、g-C_3N_4/CNT 用于降解 MB[158]、g-C_3N_4/氧化石墨烯用于降解 RhB 和 2,4-二氯苯酚[159]等。这主要归因于以下几个方面:首先,导电碳材料可以用作有效的电子传输通道和受体,以改善光生电子-空穴对的分离;其次,碳材料可以作为助催化剂,为光催化降解提供足够的催化位点;最后,黑色碳材料可以吸收更多长波长范围内的光。尽管较长波长的光不能激发 $g-C_3N_4$ 产生电子和空穴,但它可能导致有利于催化反应的光热效应。需要注意的是,负载黑色碳材料的量应该仔细控制,因为其过量可能导致对于光捕获的负面屏蔽效应。

与 $g-C_3N_4$ 相比,基于 $g-C_3N_4$ 的全固态 Z 体系异质结表现出对有机污染物降解的优异光催化活性。例如单独 $g-C_3N_4$ 对甲醛和乙醛的分解几乎没有作用,而 $g-C_3N_4-TiO_2$[160]、$g-C_3N_4$-硫掺杂 TiO_2[129] 和 $g-C_3N_4-WO_3$[161] Z 型异质结催化剂则可以有效分解甲醛和乙醛。光生空穴(h^+)、羟基自由基(·OH)和超氧自由基($·O_2^-$)是在光催化反应过程中的主要氧化活性物质,但是 $g-C_3N_4$ 的价带空穴电势低于 $H_2O/·OH$ 的氧化还原电位(ca. 2.29 V vs. NHE,pH=7),其氧化能力不足以驱动 H_2O 氧化产生·OH。而在 Z 型异质结如 $g-C_3N_4-TiO_2$ 中,光生电子和空穴分别保留在 $g-C_3N_4$ 的导带和 TiO_2 的价带中,这不仅使得电荷载流子发生有效的空间分离,而且还保留光生电子和空穴的强还原和氧化能力;由此得到的优化 $g-C_3N_4-TiO_2$ 样品的甲醛分解率比 P25 高 2 倍以上[160]。综上所述,由于更高的空间电荷分离效率,以及优异的氧化还原能力,对于降解有机污染物,基于 $g-C_3N_4$ 的全固态 Z 体系异质结可以获得更高的光催化效率。

此外,$g-C_3N_4$ 催化剂也已经表现出了成功活化 PMS 的潜力[162]。光催化 PMS 活化过程主要受 $g-C_3N_4$ 与 PMS 之间的电子转移控制。由反应式 E 1.31 至 E 1.37 分析可知,通过 $g-C_3N_4$ 光催化耦合 PMS 氧化技术可以产生了三种主要自由基,即 $SO_4^-·$、·OH

和 $\cdot O_2^-$,它们作为电子受体可被用于高效氧化有机污染物[163,164]。

$$g\text{-}C_3N_4 + h\nu \rightarrow e^- + h^+ \quad (E\,1.32)$$

$$O_2 + e^- \rightarrow \cdot O_2^- \quad (E\,1.33)$$

$$HSO_5^- + \cdot O_2^- \rightarrow SO_4^- \cdot + HO_2^- \quad (E\,1.34)$$

$$HSO_5^- + e^- \rightarrow SO_4^- \cdot + OH^- \quad (E\,1.35)$$

$$HSO_5^- + h^+ \rightarrow SO_5^- \cdot + H^+ \quad (E\,1.36)$$

$$SO_4^- \cdot + H_2O \leftrightarrow \cdot OH + HSO_4^- \quad (E\,1.37)$$

$$SO_4^- \cdot / \cdot OH / \cdot O_2^- + \text{pollutants} \rightarrow CO_2 + H_2O \quad (E\,1.38)$$

尽管 PMS 是产生 $SO_4^- \cdot$ 的强氧化剂,但 g-C_3N_4 光催化活化 PMS 的过程存在一些实际的局限性。例如由于 PMS 活化过程受多种因素影响,g-C_3N_4 光催化活化 PMS 的实际机理尚没有清晰统一的定论;前期报道的工作只关注 $SO_4^- \cdot$ 和 $\cdot OH$ 对目标污染物的降解,而没有评估副产物生态毒性;引入高浓度 PMS 可实现对污染物的高效降解,但水体中不可避免地残留大量硫酸根离子需要后期处理,这增加了工艺成本,同时 PMS 药剂本身价格偏高,考虑可替代的 $SO_4^- \cdot$ 生成方案也显得尤为重要。

1.3 研究思路和研究内容

1.3.1 研究思路

光催化技术利用太阳能在温和条件下实现对水中有机污染物的降解,兼具经济、清洁、安全和可再生等优点,其深入研究和发展对于我国"碳中和"目标的实现具有重要意义。g-C_3N_4 作为一种可见光响应催化剂,以地球含量丰富的碳元素和氮元素为主要组成部分,具有成本低、热稳定性高和化学稳定性高等优点,在可见光催化水处理领域具有应用前景。因此,基于 g-C_3N_4 进行新型光催化剂合成和新型光催化反应体系构建，增强 $g-C_3N_4$ 的电荷分离性能，拓展反应体系中强氧化活性物种的产生路径，提高可见光催化对水中有机污染物的降解能力。通过催化剂表征和实验研究，建立 $g-C_3N_4$ 基光催化剂的结构特征和可见光催化降解有机污染物功能之间的构效关系，探究高活性自由基的产生规律和反应机制，分析多种自由基协同反应强化对水中有机污染物催化降解性能的原理。

1.3.2 研究目的和研究意义

设计基于 $g-C_3N_4$ 的新型光催化剂和构建新型可见光催化耦合硫酸根自由基反应体系，通过增强电荷分离效率和调控载流子反应路径的方式，可以提高 $g-C_3N_4$ 基光催化剂对水中有机污染物的催化降解能力。精细设计 $g-C_3N_4$ 基光催化剂结构，提升催化性能，为推动可见光催化处理水中有机污染物应用提供实验参考和理论依据。

1.3.3 研究内容和技术路线

（1）采用蒸发诱导自组装法制备两种二维纳米片材料层层堆叠、界面紧密接触的 $Ti_3C_2/g-C_3N_4$ 类肖特基型异质结光催化剂。采取多种表征手段对 $Ti_3C_2/g-C_3N_4$ 的形貌结构、物理化学性质进行分析。以环丙沙星为目标污染物评价 $Ti_3C_2/g-C_3N_4$ 的光催化降解性能，并利用液相色谱-质谱联用技术检测环丙沙星的降解中间产物从而分析其降解路径。通过自由基淬灭实验分析 $Ti_3C_2/g-C_3N_4$ 可见光催化降解环丙沙星反应过程中的关键活性物种，结合催化剂能带结构分析，对 $Ti_3C_2/g-C_3N_4$ 光催化降解环丙沙星的反应机理进行推测和验证。

（2）使用模板法制备多孔 $g-C_3N_4$（PCN）并液相剥离得到

PCN 纳米片，随后采用真空抽滤的方法合成二维纳米片 Ti_3C_2 和 PCN 层层堆叠的 Ti_3C_2/PCN 复合光催化剂。对 Ti_3C_2/PCN 的形貌结构、物理化学性质进行分析，通过水中有机污染物去除实验评价 Ti_3C_2/PCN 的可见光催化降解性能。拓展研究 Ti_3C_2/PCN 的光催化记忆效应，即光照之后对于光生电子短暂存储和黑暗后电子缓慢释放并持续发挥催化降解作用的能力，结合电子捕获实验和 EPR 测试结果探究其反应机理。

（3）以含钴金属有机骨架材料 ZIF-67 和三聚氰胺为前驱体，通过热解法制备高分散钴原子掺杂氮化碳催化剂（CoCN），用于可见光催化耦合 PMS 活化降解水中有机污染物。以双酚 A 为目标污染物评价 CoCN/Vis/PMS 反应体系的催化降解性能，探究光照、PMS 投加量、催化剂中 Co 含量、溶液 pH 值、污染物浓度等多个因素对 CoCN/Vis/PMS 体系催化性能的影响。通过 XPS 检测 CoCN 催化剂在反应前后的元素价态变化，再结合自由基捕获实验、EPR 测试、催化剂能带结构分析等，推测和验证 CoCN/Vis/PMS 催化体系高效降解有机污染物的实验机理。

（4）构建无电子介体的 g-C_3N_4/$BiPO_4$ 直接 Z 型异质结催化剂，研究 g-C_3N_4 和 $BiPO_4$ 异质结接触面间的电荷迁移路径，将 g-C_3N_4/$BiPO_4$ 催化剂用于可见光催化耦合硫酸盐活化降解有机污染反应体系。选取双酚 A、环丙沙星、磺胺甲噁唑、布洛芬等多种有机污染物进行降解，评价 g-C_3N_4/$BiPO_4$ 光催化活化硫酸盐体系的催化性能；探究光照条件、硫酸盐浓度、溶液 pH 值、污染物浓度等多个因素对 g-C_3N_4/$BiPO_4$ 催化剂活化硫酸盐能力和降解污染物性能的影响；同时，对催化剂的稳定性进行考察，并对 g-C_3N_4/$BiPO_4$ 光催化活化硫酸盐体系催化降解有机污染物的反应机理进行推测和验证。

根据上述研究内容的技术路线，如图 1.9 所示。

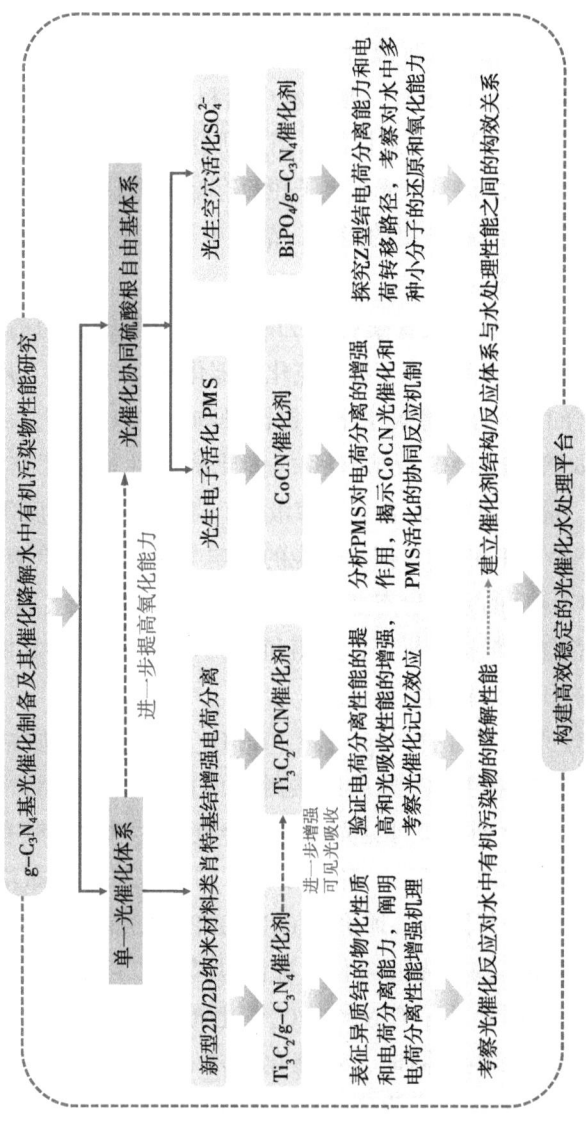

图1.9 技术路线

2 Ti_3C_2/g-C_3N_4可见光催化剂制备和降解水中有机污染物研究

2.1 引言

石墨相氮化碳（g-C_3N_4）的带隙宽度满足可见光响应条件，化学稳定性高，在可见光催化剂研究领域受到广泛关注。构建基于 g-C_3N_4 的 2D/2D 层间界面接触异质结有利于进一步提高 g-C_3N_4 的光生电荷分离性能和可见光催化降解能力。MXene 是一类新型过渡金属碳/氮化物二维纳米层状材料（通式 $M_{n+1}X_nT_x$）的总称，一般是从前驱体 MAX 相（通式 $M_{n+1}AX_n$）中选择性刻蚀掉 A 原子层得到，因其具有与石墨烯（Graphene）相似的结构而被命名为 MXene[165]。通式中的"M"代表前过渡族金属，如 Sc、Ti、Zr、V、Nb、Cr 和 Mo；"A"代表ⅢA 和ⅣA 主族元素，如 Al 和 Si；"X"代表碳、氮或碳氮化合物；n 值取 1、2 或 3；"T_x"表示刻蚀过程中产生的附着在 MXene 表面的官能团，如-OH、-F 或-O 等。首个 MXene 成员是 2011 年由 Yury Gogotsi 等以 HF 化学刻蚀 Ti_3AlC_2 制备得到的 Ti_3C_2[166]。作为最具代表性且易制备的 MXene 材料之一，薄层 Ti_3C_2 表现出良好的金属导电性，其电导率约为 98 800 S·cm^{-1}，方块电阻率介于 0.5~8 kΩ·sq^{-1}，优于相同厚度氧化石墨烯薄膜的导电性能,这从动力学角度说明其结构利于电荷传递[167]。Ti_3C_2的费米能级(-0.53 eV vs. NHE)位置低于$g-C_3N_4$的导带电位,这意味着从热力学角度来看两者接触后$g-C_3N_4$的光生电子趋于流向Ti_3C_2方向[168]。另外,HF刻蚀和液相剥离得到的Ti_3C_2表面存在亲水官能团(-O/-OH/-F)终端,使其可以与$g-C_3N_4$表面建立起较强的相互作用。通过Ti_3C_2与$g-C_3N_4$构建2D/2D类肖特基异质结,有望增强$g-C_3N_4$的电荷分离性能,同时保证催化剂表面与水分子和有机污染物的良好接触以加强传质,进而提高对水中有机污染物的可见光催化降解能力。

本章采用蒸发诱导自组装方法制备由Ti_3C_2和$g-C_3N_4$二维纳米片层层堆叠组成的复合光催化剂($Ti_3C_2/g-C_3N_4$),对催化剂的形貌、组成和光电特性进行表征,分析其电荷分离和迁移能力。以环丙沙星(CIP)为目标污染物考察$Ti_3C_2/g-C_3N_4$可见光催化降解水中有机污染物的性能,通过自由基淬灭实验探究活性物种对CIP降解性能的影响,并根据实验现象和理论分析推测$Ti_3C_2/g-C_3N_4$在可见光下催化降解水溶液中CIP的反应机理。

2.2 实验部分

2.2.1 实验材料和仪器

(1) 实验药品与材料

三聚氰胺($C_3H_6N_6$),分析纯,阿拉丁化学技术有限公司

碳钛化铝(MAX相Ti_3AlC_2),分析纯,福斯曼科技(北京)有限公司

无水乙醇(C_2H_5OH),分析纯,天津市大茂化学试剂厂

氢氟酸(HF),浓度40%,天津市大茂化学试剂厂

2 $Ti_3C_2/g-C_3N_4$可见光催化剂制备和降解水中有机污染物研究

环丙沙星（CIP，$C_{17}H_{18}FN_3O_3$），分析纯，阿拉丁化学技术有限公司

对苯醌（p-BQ，$C_6H_4O_2$），分析纯，国药集团化学试剂有限公司

叔丁醇（TBA，C_4H_9OH），分析纯，天津市恒兴化学试剂有限公司

无水硫酸钠（Na_2SO_4），分析纯，国药集团化学试剂有限公司

硝酸镁[$Mg(NO_3)_2 \cdot 6H_2O$]，分析纯，汕头市西陇化工有限公司

甲醇（CH_3OH），色谱纯，美国默克公司

乙腈（C_2H_3N），色谱纯，美国默克公司

高纯水，18.2 MΩ·cm，上海涞科实验室级超纯水系统

饱和甘汞电极，雷磁232型，上海仪电科学仪器股份有限公司

氟掺杂氧化锡（FTO）导电玻璃，OPV-FTO22-7，营口奥匹维特新能源公司

(2) 实验仪器

超声清洗机（JT-410HTD），深圳市洁拓超声波清洗剂设备有限公司

电子分析天平（LE204E），梅特勒-托利多仪器有限公司

高速离心机（HC-2066），安徽中科中佳科学仪器有限公司

磁力搅拌器（85-2），常州国华电器有限公司

箱式电阻炉（SX2-5-12），苏州江东精密仪器有限公司

开启式管式炉（SKGL-1200），中国科学院上海光学精密机械制造研究所

电热鼓风干燥箱（DGG-9090B），上海森信实验仪器有限公司

氙灯光源（Zolix LSP-500W），北京卓立汉光仪器有限公司

滤波片（ZUL0420），美国 Asahi Spectra 公司
电泳仪（DYY-2C），北京六一仪器厂
光强辐照计（FZ-A），北京昌拓光电仪器厂
电化学工作站（CHI 660D），上海市辰华仪器有限公司
场发射扫描电子显微镜（Hitachi S-4800），日本日立公司
透射电子显微镜（Tecnai G2 F30 S-TWIN），美国 FEI 公司
X 射线衍射仪（SmartLab 9kw），日本理学公司
傅立叶变换红外光谱仪（EQUINOX55），德国布鲁克公司
X 射线光电子能谱仪（ESCALAB250Xi），英国赛默飞世尔科技公司
物理吸附分析仪（QuadraSorb SI），美国康塔仪器公司
紫外-可见漫反射光谱仪（JASCO UV-550），日本表面化学株式会社
荧光光谱分析仪（FL-4500），日本日立公司
高效液相色谱仪（Waters 2695），美国沃特世公司
液相色谱-串联四极杆质谱联用仪（RRLC/6410B），美国安捷伦公司

2.2.2　$Ti_3C_2/g-C_3N_4$催化剂的制备

（1）$g-C_3N_4$纳米片的制备

采用两步热处理法制备 $g-C_3N_4$ 纳米片。第一步是将前驱体三聚氰胺粉末置于陶瓷坩埚中，在马弗炉内煅烧，以 5 ℃·min^{-1} 的速率升温至 530 ℃，保温 240 min，之后自然冷却到室温取出，在玛瑙研钵中进行研磨，这样就得到了黄色的粉末，记为 $g-C_3N_4$-B（这里 B 代表 bulk，块状）。第二步是在马弗炉中后对 $g-C_3N_4$-B 粉末进行二次热处理，以 2 ℃·min^{-1} 的速率升温至 530 ℃ 并保温 90 min，然后自然冷却到室温取出并进行研磨，得到白色絮状的粉

2 $Ti_3C_2/g-C_3N_4$ 可见光催化剂制备和降解水中有机污染物研究

末,记为 g-C_3N_4 NS (这里 NS 代表 nanosheet,纳米片)。为了简化表达,在后续结果讨论部分除非特殊对比强调,g-C_3N_4 也代表 g-C_3N_4 NS。

(2) Ti_3C_2 纳米片的制备

采用 HF 化学刻蚀结合液相超声剥离的方法制备 Ti_3C_2 纳米片。第一阶段为 HF 化学刻蚀,称取 2.5 g Ti_3AlC_2 粉末混合到 60 mL HF (40%)溶液中,在室温下连续磁力搅拌反应 24 h 后对悬浮液进行固液分离,用去离子水洗涤离心至少 5 次,待溶液 pH 值接近中性后将固体放入真空干燥箱去除水分,得到呈现黑色的固体粉末样品,记为 Ti_3C_2-E (这里 E 代表 etched,被刻蚀的)。第二阶段为液相超声剥离,把 Ti_3C_2-E 样品分散在去离子水中超声处理 6 h,然后以 3 000 rpm 的转速离心悬浮液,除去底部质量较大的 Ti_3C_2 颗粒,上部液体中则保留了质量较轻的 Ti_3C_2 纳米片,记为 Ti_3C_2 NS。为了简化表达,在后续结果讨论部分除非特殊对比强调,Ti_3C_2 也代表 Ti_3C_2 NS。

(3) $Ti_3C_2/g-C_3N_4$ 复合光催化剂的制备

采用蒸发诱导自组装法制备了 $Ti_3C_2/g-C_3N_4$ 复合光催化剂。将 g-C_3N_4 NS 放入 100 mL 去离子水中,超声处理 4 h,使样品均匀分散。在剧烈搅拌下,将含 Ti_3C_2 NS 的溶液缓慢滴入 g-C_3N_4 NS 溶液中,得到两种纳米片的混合溶液。在 60 ℃的水浴条件下,持续搅拌混合溶液,直到溶剂被完全蒸发。整个蒸发过程大约消耗 8 h,该过程的目的是使两种材料实现均匀、紧密地结合。真空干燥 12 h 后得到呈现淡灰色的固体粉末,记为 $Ti_3C_2/g-C_3N_4$。如图 2.1 所示为二维纳米片 $Ti_3C_2/g-C_3N_4$ 复合光催化剂的制备过程示意。

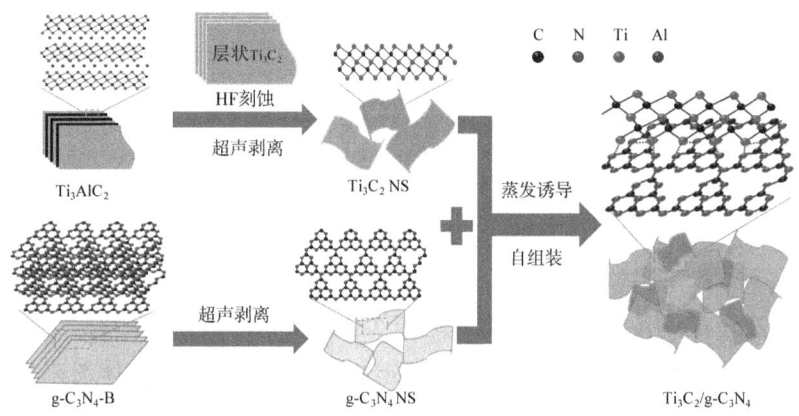

图2.1 二维纳米片 $Ti_3C_2/g-C_3N_4$ 复合光催化剂的合成方法示意

2.2.3 $Ti_3C_2/g-C_3N_4$ 催化剂的表征

(1) 形貌表征

采用扫描电子显微镜(SEM)和透射电子显微镜(TEM)对 $Ti_3C_2/g-C_3N_4$ 催化剂的表面形貌和微观结构进行观察,加速电压分别为 5 kV 和 200 kV。

(2) 组成和结构分析

使用与 SEM 联用的能量散射 X 射线谱(EDS)对 $Ti_3C_2/g-C_3N_4$ 催化剂表面的元素分布进行分析。采用粉末 X 射线衍射(XRD)对催化剂的晶体结构进行分析,以金属铜作为靶源,其测试参数为加速电压 45 kV,外加电流 200 mA,扫描范围 5°~70°,扫描速率 4°·min^{-1}。采用傅立叶变换红外光谱(FT-IR)检测催化剂的表面官能团结构,以 KBr 做参比。采用 X 射线光电子能谱(XPS)对催化剂的表面组成和元素化学状态进行分析,配置非单色 Al Kα X 射线源(1486.6 eV)。

2 $Ti_3C_2/g-C_3N_4$ 可见光催化剂制备和降解水中有机污染物研究

(3) 物理吸附性能测试

采用物理吸附仪对 $Ti_3C_2/g-C_3N_4$ 催化剂的 BET 比表面积、BJH 孔径分布和孔体积进行测量和分析。预处理条件为 150 ℃ 真空脱气 4 h，以去除催化剂孔内残留小分子。测试时以液氮作为冷却剂，在 -196 ℃ 条件下使用氮气进行吸附-脱附操作。

(4) 光学性质分析

使用紫外-可见分光光度计对 $Ti_3C_2/g-C_3N_4$ 催化剂的紫外-可见漫反射光谱（DRS）进行采集，以 $BaSO_4$ 作参比，采集范围为 190~800 nm。使用荧光分光光度计对催化剂的光致发光光谱（PL）进行测定，激发波长为 380 nm，扫描区间为 410~550 nm。

(5) 电学性质分析

利用电化学工作站对 $Ti_3C_2/g-C_3N_4$ 催化剂的光电流和电化学交流阻抗谱（EIS）进行分析。实验测试在规格为 30 mm × 50 mm × 60 mm 的长方形石英反应器中进行，电解液为 0.1 M 的 Na_2SO_4 水溶液。采用标准三电极体系，以铂（Pt）片为对电极、饱和甘汞电极（SCE）为参比电极，以沉积有 $Ti_3C_2/g-C_3N_4$ 催化剂的 FTO 导电玻璃为工作电极。光电流测试初始电位 0 V，以 20 s 的时间间隔依次进行黑暗/光照条件下的电流信号测试。电化学交流阻抗谱的测试初始电位 0 V，频率范围 0.01~100 Hz，振幅 10 mV。

2.2.4 光催化降解实验和分析方法

环丙沙星（CIP，化学式 $C_{17}H_{18}FN_3O_3$）是一种合成的第三代氟喹诺酮类抗生素，具广谱抗菌活性，已被广泛用于人类医疗和畜牧业制药中。但随医药行业和畜牧业废水排放到环境中可能导致抗生素耐药细菌和耐药基因的产生进而危害人类健康。本部分实验以 CIP 为目标污染物，在实验室配制 20 mg·L^{-1} 的 CIP 水溶液模拟水中有机污染物，对其进行光催化降解，通过污染物浓度随时间变化

情况分析 $Ti_3C_2/g-C_3N_4$ 的可见光催化降解性能。使用配备 400 nm 紫外截止滤光片的氙灯作为可见光源，调节光照强度为 100 mW·cm^{-2}。称取 10 mg 光催化剂分散到 50 mL 的 CIP 水溶液中，先在黑暗中搅拌，待吸附-解吸平衡后，打开光源开启可见光催化降解过程。每隔 30 min 取 1 mL 反应液，通过 0.22 μm 针头过滤器过滤后，使用高效液相色谱（HPLC）测试反应液中 CIP 的浓度，HPLC 配备荧光检测器（Waters-2475）和 Waters-C18 柱（250 mm×4.6 mm，5 μ），流动相由 78% 的 H_3PO_4（20 mM）和 22% 的乙腈组成，荧光检测器的激发波长（Ex）和发射波长（Em）分别设置为 284 nm 和 445 nm。此外，利用液相色谱-质谱联用仪（LC-MS）分析可能存在的中间产物及其分子结构，质谱采用正极电喷雾离子化模式，质荷比（m/z）检测范围为 100~800，流动相为水与乙腈（85%:15%），流速为 1.5 mL·min^{-1}。

2.3 结果与讨论

2.3.1 $Ti_3C_2/g-C_3N_4$ 催化剂的形貌和结构分析

$Ti_3C_2/g-C_3N_4$ 催化剂是由 $g-C_3N_4$ NS 和 Ti_3C_2 NS 自组装得到的二维纳米片复合光催化剂。图 2.2（a-d）分别为 $g-C_3N_4$-B、$g-C_3N_4$ NS、Ti_3AlC_2 和 Ti_3C_2-E 的 SEM 图。结果显示，$g-C_3N_4$-B 由不规则的大颗粒组成，而经过液相剥离后得到的 $g-C_3N_4$ NS 呈薄层状结构，其片状结构的厚度为 10~50 nm，有少量皱纹和卷曲。购买的商业产品 Ti_3AlC_2 在 SEM 图中呈现不规则的块状结构，而经过 HF 化学刻蚀后的得到的 MXene 相 Ti_3C_2-E 具有明显的风琴状分层结构，其中每个单层或少层的部分便被称作 Ti_3C_2 NS。

由图 2.3 a 所示的 SEM 图可以看出 $Ti_3C_2/g-C_3N_4$ 复合光催化剂

2 Ti₃C₂/g-C₃N₄可见光催化剂制备和降解水中有机污染物研究

表现为两种纳米片的叠加,这将有助于在催化反应过程中提供更大的反应活性位点。图 2.3 b 为 $Ti_3C_2/g-C_3N_4$ 的 EDS 元素映射图,可以看出 $Ti_3C_2/g-C_3N_4$ 中含有大量的 C、N 元素和少量的 Ti 元素。通过 TEM (图 2.3 c) 和其黄色框对应的 HR-TEM (图 2.3 d) 可以观察到 $Ti_3C_2/g-C_3N_4$ 的微观结构。HRTEM 中存在 d = 1.0 nm 的晶格条纹,归属于 Ti_3C_2 的 (002) 晶面,结合 EDS 元素映射图中 Ti 元素的分布可证明 Ti_3C_2 成功结合到 $g-C_3N_4$ 中。两种二维纳米片接触界面之间的范德华力相互作用可使 Ti_3C_2 与 $g-C_3N_4$ 形成异质结构,Ti_3C_2 的优异导电性能有利于吸引 $g-C_3N_4$ 的光生电子,进而提高载流子分离效率,有望改善 $g-C_3N_4$ 的光催化活性。

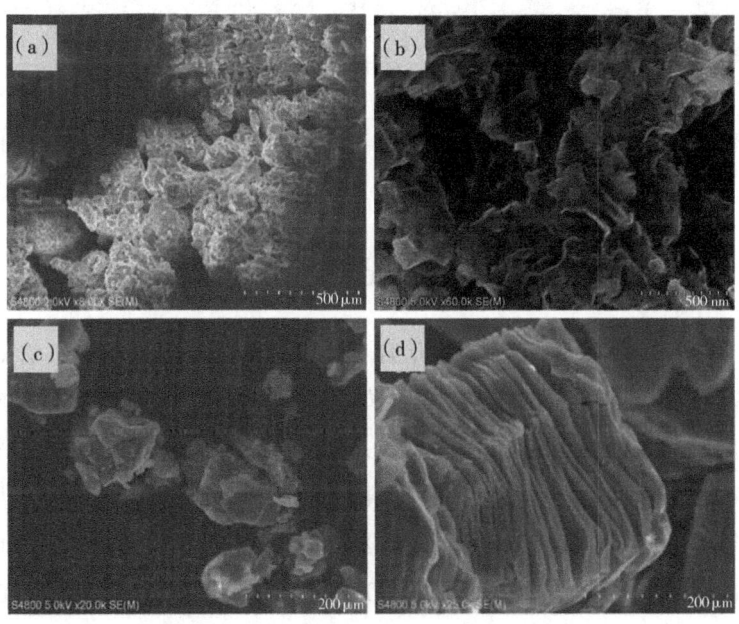

(a) $g-C_3N_4$-B;(b) $g-C_3N_4$ NS;(c) Ti_3AlC_2;(d) Ti_3C_2-E

图 2.2　几种催化剂的 SEM 图

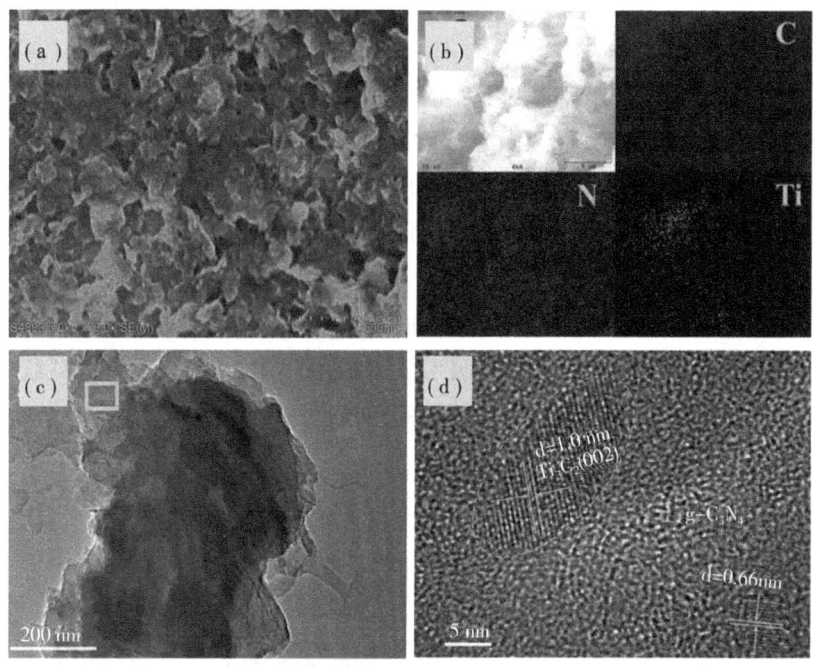

(a) SEM 图；(b) EDS 元素映射图；(c) TEM 图；(d) HR-TEM 图

图 2.3 $Ti_3C_2/g-C_3N_4$ 的形貌和结构

通过氮气吸脱附测试分析 $Ti_3C_2/g-C_3N_4$、$g-C_3N_4$ NS 和 Ti_3C_2 NS 的比表面积和孔径分布情况。如图 2.4a 所示，3 个催化剂的 N_2 吸脱附曲线都表现为 IV 型等温线并伴随有 H3 型回滞环，符合层状结构聚集体产生狭缝的介孔类材料特征。由 $P/P_0 = 0.05 \sim 0.35$ 的吸附解吸数据计算得到 $g-C_3N_4$ NS 和 Ti_3C_2 NS 的 Brunauer-Emmett-Teller（BET）比表面积分别为 80.1 $m^2 \cdot g^{-1}$ 和 13.7 $m^2 \cdot g^{-1}$。$Ti_3C_2/g-C_3N_4$ 复合光催化剂的比表面积为 32.6 $m^2 \cdot g^{-1}$，介于 $g-C_3N_4$ 和 Ti_3C_2 之间，可能是由于 $g-C_3N_4$ 的部分表面被 Ti_3C_2 所覆盖导致。图 2.4b 是由 BJH 方法分析得到的孔径分布情况，可以看到 $Ti_3C_2/g-$

2 Ti₃C₂/g-C₃N₄可见光催化剂制备和降解水中有机污染物研究

C_3N_4、$g-C_3N_4$ NS 和 Ti_3C_2 NS 主要由分布在 2~20 nm 的介孔结构组成。

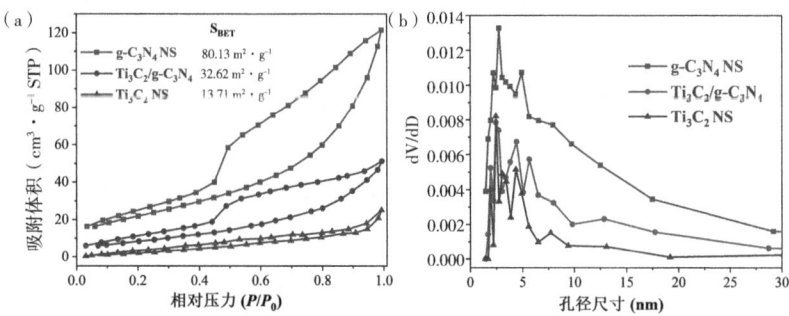

图 2.4 $Ti_3C_2/g-C_3N_4$、$g-C_3N_4$ NS 和 Ti_3C_2 NS 的
N_2 吸脱附等温线 (a) 和孔径分布 (b)

结合 XRD 的晶相特征和 FTIR 的表面官能团特征来综合分析 $Ti_3C_2/g-C_3N_4$ 催化剂的结构组成。如图 2.5 a 所示，$g-C_3N_4$ 样品在 13.0°和 27.5°附近存在两个特征衍射峰，其中 13.0°附近的 (100) 衍射峰对应于石墨相氮化碳平面内的重复三-s-三嗪结构，27.5°附近附近 (002) 衍射峰对应于石墨相氮化碳的 π 共轭平面晶面堆积[169]。Ti_3AlC_2 样品的 XRD 衍射峰与标准卡片 JCPDS#52-0875 相吻合。与 Ti_3AlC_2 相比，HF 刻蚀后得到的 Ti_3C_2 样品整体的峰强度减弱，归属于 Ti_3AlC_2 的 (002)、(004) 和 (104) 衍射尖峰消失，另外出现了归属于 TiC 和 $Ti_3C_2(OH)_2$ 的新衍射峰，这说明 Al 层被成功去除而且材料的结晶度下降，但引入了部分 Ti-C 相连的结构和表面终端的 -OH 官能团，说明由 MAX 相到 MXene 相的成功转变[170]。$Ti_3C_2/g-C_3N_4$ 的 XRD 特征峰结合了 $g-C_3N_4$ 和 Ti_3C_2 的衍射特征，表明在 $Ti_3C_2/g-C_3N_4$ 中完整的 $g-C_3N_4$ 主体结构保留和明显的 Ti_3C_2 插入[171]。

图 2.5 b 的 FT-IR 光谱显示,$g-C_3N_4$ 有 3 个显著的特征峰。在 3 050~3 500 cm^{-1} 处的宽峰是由芳香环缺陷部位的 N-H 拉伸振动引起的,反映了 -NH 官能团的存在。1 200~1 650 cm^{-1} 处的强峰对应于 C-N/C=N 杂环的典型伸缩振动。在 804 cm^{-1} 附近的峰是由三嗪分子振动引起的,这体现了层间氢键的相互作用[159]。对于 $Ti_3C_2/g-C_3N_4$ 样品,可以清楚地看到归属于 $g-C_3N_4$ 的主要特征峰,表明其在一定程度上保留了 $g-C_3N_4$ 的主体结构。然而在 1 500 cm^{-1} 附近的伸缩振动峰数量下降,强度减弱,这说明 Ti_3C_2 和 $g-C_3N_4$ 之间的相互作用对归属于 $g-C_3N_4$ 的 C-N/C=N 杂环的强度有一定的影响。

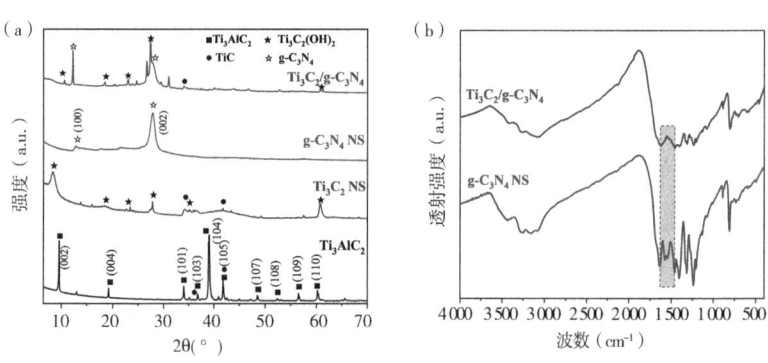

图 2.5 $Ti_3C_2/g-C_3N_4$ 催化剂的 (a) XRD 图和 (b) FT-IR 谱图

$Ti_3C_2/g-C_3N_4$ 催化剂的元素组成和化学状态通过 XPS 光谱来进行分析。图 2.6 a 为所测得的 Ti_3C_2、$g-C_3N_4$ 和 $Ti_3C_2/g-C_3N_4$ 样品的 XPS 总谱。在 Ti_3C_2 中只观察到 Ti、C、O 和 F 元素,证明 Al 层被 HF 刻蚀去除,而 O 和 F 元素的存在则是由于终端 -OH 和 -F 的存在,与 XRD 的结果相吻合。$Ti_3C_2/g-C_3N_4$ 的 XPS 总谱与 $g-C_3N_4$ 非常相似,这是由于 $g-C_3N_4$ 在 $Ti_3C_2/g-C_3N_4$ 复合光催化剂中占据比例较大。Ti 元素在 $Ti_3C_2/g-C_3N_4$ 复合物中的含量较低,由于检测灵敏度的原因,在 XPS 总谱中显示不明显,其存在可以通过

2 Ti₃C₂/g-C₃N₄可见光催化剂制备和降解水中有机污染物研究

Ti$_3$C$_2$/g-C$_3$N$_4$ 的 Ti 2p 高分辨率 XPS 谱（图 2.6 d）来证明。另外，在图 2.6 b 和图 2.6 c 的高分辨率 XPS 谱中分布显示了元素 C 和元素 N 的化学状态。单独 g-C$_3$N$_4$ 的两个 C 1s 峰分别归属于 C—C 键（约 284.8 eV）和 N—C=N（约 288.2 eV）的 sp^2-结合碳；3 个 N 1s 峰分别对应于 C—N=C 的 sp^2-结合氮（约 398.7 eV）、N-（C)$_3$ 官能团中的叔基氮（约 399.9 eV），以及由不完全聚合引起的氨基氮（C-N-H，约 401.1eV）。对于 Ti$_3$C$_2$/g-C$_3$N$_4$，在其 N 1s HR-XPS 谱中，C—N=C 和 N-（C)$_3$ 的主峰向高结合能方向移动，这可能是由

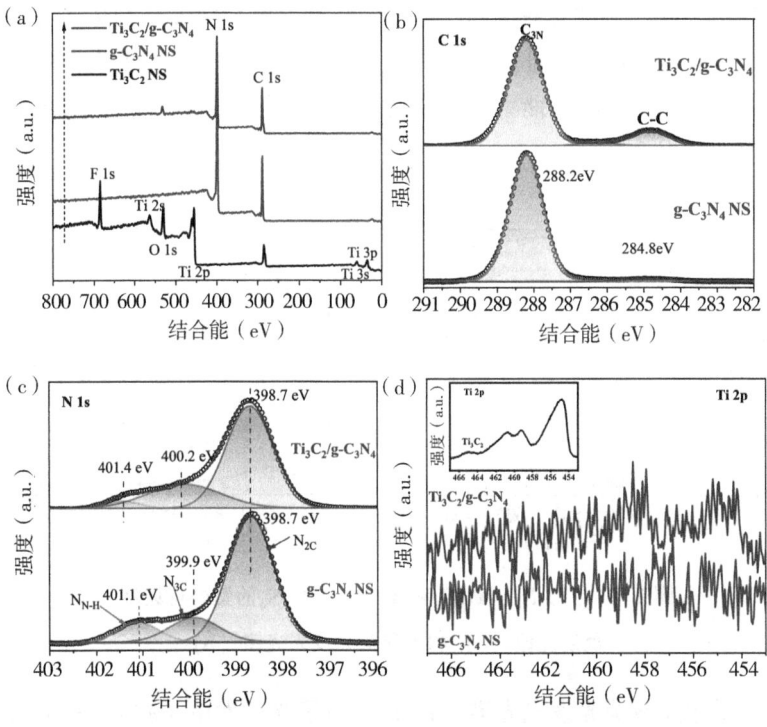

图 2.6 Ti$_3$C$_2$/g-C$_3$N$_4$ 催化剂的 XPS 总谱（a）、
C 1s（b）、N 1s（c）和 Ti 2p 的高分辨 XPS 谱（d）

于 N 原子周围的电子云密度降低造成的,说明 Ti_3C_2 和 $g-C_3N_4$ 之间的相互作用使得原本分布在 N 原子周围的电子向 Ti_3C_2 方向偏移。

2.3.2 $Ti_3C_2/g-C_3N_4$ 的光学和光电化学性能分析

如图 2.7 a 所示,在紫外可见漫反射光谱中,$Ti_3C_2/g-C_3N_4$ 的吸收边为 515 nm,与 $g-C_3N_4$(吸收边为 450 nm)相比,明显向可见光区移动。此外,还观察到 $Ti_3C_2/g-C_3N_4$ 对波长范围 450~800 nm 可见光的吸收能力明显强于单独的 $g-C_3N_4$,这部分光的吸收虽然不能直接激发催化剂产生电子空穴,但会使催化剂热量有所增高,降低反应活化能,从而有利于催化反应[156,159]。吸收带的红移和可见光区光吸收能力的提高均能够促进 $Ti_3C_2/g-C_3N_4$ 的可见光催化性能提升。

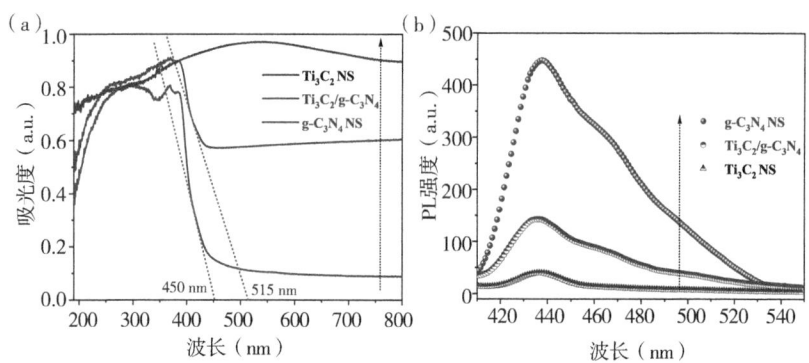

图 2.7 $g-C_3N_4$、Ti_3C_2 和 $Ti_3C_2/g-C_3N_4$ 的紫外可见漫
反射光谱(a)和光致荧光发光光谱(b)

采用光致荧光发光光谱(PL)分析了光激发电子-空穴对的复合情况,如图 2.7 b 所示。在 380 nm 激发波长下,$g-C_3N_4$ 纳米片在 440 nm 附近出现强烈的 PL 发射峰,这是由于其光生载流子复合

造成的。与 g-C$_3$N$_4$ 相比，Ti$_3$C$_2$/g-C$_3$N$_4$ 的 PL 发射峰明显减弱，表明 Ti$_3$C$_2$ 和 g-C$_3$N$_4$ 形成的异质结构可以有效抑制光生载流子的复合，从而使更多未被复合的电子和空穴迁移到催化剂表面参与反应。

通过对光照/黑暗条件下的电流密度进行测试，进一步探究了光催化剂中的电荷分离性能。如图 2.8 a 所示，Ti$_3$C$_2$ 不能被可见光激发故没有光电流产生，单独 g-C$_3$N$_4$ 的光电流为 0.80 $\mu A \cdot cm^{-2}$。Ti$_3$C$_2$/g-C$_3$N$_4$ 的光电流达到了 2.2 $\mu A \cdot cm^{-2}$，是 g-C$_3$N$_4$ 的 2.8 倍，说明在 Ti$_3$C$_2$/g-C$_3$N$_4$ 异质结催化剂中光生电荷分离性能更好，可利用的光生电荷数量更多，这也与 PL 测试结果相吻合。另外，在电化学交流阻抗测试中，常使用能奎斯特（Nyquist）曲线的等效电路来表示化学系统的宏观结果。由于实际的化学系统非常复杂，假设在理想的情况下，使用 Nyquist 曲线拟合的等效电路可以被简化为如图 2.8 b 插图中所示的 Randel 电池示意图，其中 R_{CT} 是电荷转移电阻，即 Nyquist 曲线中半圆的直径，Nyquist 半圆直径越小，表示材料的电荷转移电阻 R_{CT} 值越低，即电荷转移能力越高。在图 2.8 b 中，可以清晰地看到 Ti$_3$C$_2$ 的电荷转移电阻小于 g-C$_3$N$_4$，这是由于 Ti$_3$C$_2$ 具有类似石墨烯和金属材料的高电导率性质。Ti$_3$C$_2$/g-C$_3$N$_4$ 样品的电荷转移电阻相比单独 g-C$_3$N$_4$ 和 Ti$_3$C$_2$ 有大幅度的减小，进一步说明 Ti$_3$C$_2$/g-C$_3$N$_4$ 可以结合单独 g-C$_3$N$_4$ 和 Ti$_3$C$_2$ 的优点，电荷分离性能和电荷转移能力都有所提高。

2.3.3 Ti$_3$C$_2$/g-C$_3$N$_4$ 可见光催化降解环丙沙星的性能评价

以环丙沙星（CIP）为目标污染物，在可见光照射条件下对 CIP 的去除率进行考察，研究 g-C$_3$N$_4$、Ti$_3$C$_2$ 和 Ti$_3$C$_2$/g-C$_3$N$_4$ 的光催化性能。添加不同催化时，CIP 的浓度随时间的变化情况如图

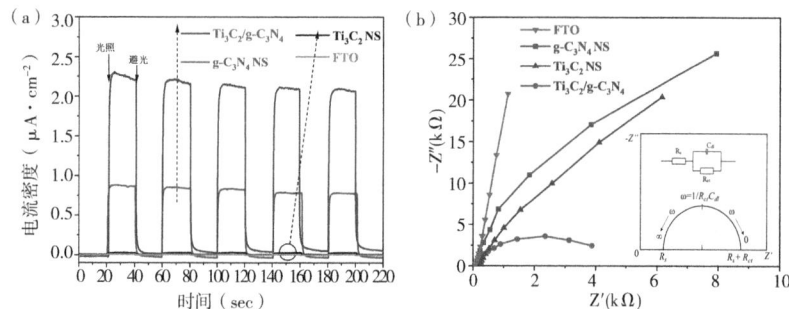

图 2.8 g-C_3N_4、Ti_3C_2 和 Ti_3C_2/g-C_3N_4 的光电流（a）和电化学交流阻抗谱（b）

注：以 FTO 做对照。

2.9 a 所示。在黑暗条件下加入催化剂搅拌，发现 30 min 内即可达到吸附解吸平衡，催化剂对 CIP 的吸附量大约在 10%。吸附平衡后，在波长大于 400 nm 的可见光照射下，对环丙沙星进行光催化分解，可以看到 Ti_3C_2/g-C_3N_4 光催化剂表现出良好的催化性能，CIP 在光催化反应 150 min 后降解率达到 99.5%，比单独 g-C_3N_4 高 10%。

为了量化比较不同光催化剂的催化效率，对 CIP 浓度变化曲线进行动力学拟合，发现 -ln(C_t/C_0) 和反应时间 t 呈线性关系（图 2.9 b 内嵌插图），表明几种催化剂对 CIP 的降解反应符合拟一级动力学模型，反应动力学常数根据公式 E 2.1 计算。

$$\ln(C_t/C_0) = -k \cdot t \qquad (E\ 2.1)$$

式中，C_0 代表反应物初始浓度，C_t 代表反应 t 时刻的瞬时浓度，k 表示反应动力学常数，t 表示反应时间。在图 2.9 b 中给出了不同催化剂对 CIP 进行可见光催化降解的反应速率常数对比情况，可以看到 Ti_3C_2/g-C_3N_4 催化剂对应的 k 值为 0.035 min^{-1}，是单独 g-C_3N_4 对 CIP 光催化降解速率常数的 2.2 倍，这表明复合催化剂中 g-C_3N_4 与 Ti_3C_2 之间的异质结构有利于光催化降解反应的进行。

2 Ti₃C₂/g-C₃N₄可见光催化剂制备和降解水中有机污染物研究

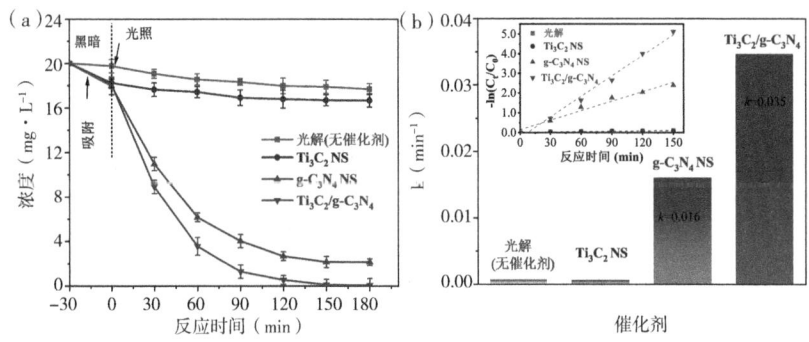

图2.9 光催化降解过程中 CIP 浓度的变化（a）
和其反应动力学速率常数对比（b）

注：反应条件室温，pH 值=7，C_0 = 20 mg·L⁻¹。

使用 GC-MS 对 Ti₃C₂/g-C₃N₄ 异质结可见光催化降解 CIP 过程中的产物峰提取质谱图进行分析，根据 m/z 值推测中间产物可能的结构。其中，CIP 的 m/z 值为 332，另外检测到 m/z 值为 306、362、334、291 和 263 的中间产物，如图 2.10 a 所示。根据中间产物结构推测 CIP 的可见光催化降解路径，如图 2.10 b 所示。随着哌嗪环的开环及其分支的后续降解，CIP 的分子结构逐渐被破坏，具体分为以下几个步骤。首先是通过氧化活性物质攻击，CIP 分子哌嗪环上的 C-C 键被破坏，形成两个 C=O 键，得到产物 A（m/z=362）。产物 A 脱掉一个 C=O 键得到 m/z 值均为 334 的产物 B 或产物 C。随后另一个 C=O 脱落得到产物 D（m/z=306）。接着产物 D 脱去末端的 -CH-NH₂ 并形成 C=O 键，得到产物 E（m/z=291）。最后产物 E 的末端 C=O 键被去除，完成整个哌嗪环的降解，得到产物 F（m/z=263）。CIP 分子的哌嗪环被去除后，剩余两个苯环再经过逐步的开环降解直到最后成为小分子 CO_2 和 H_2O。

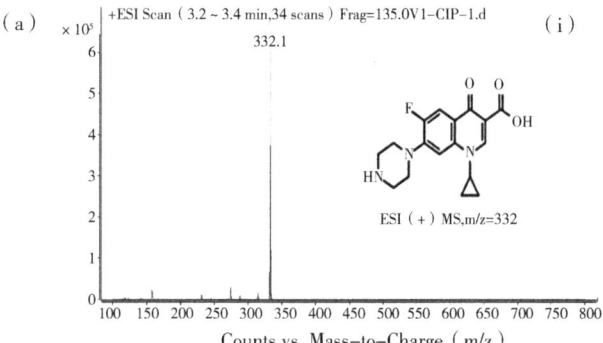
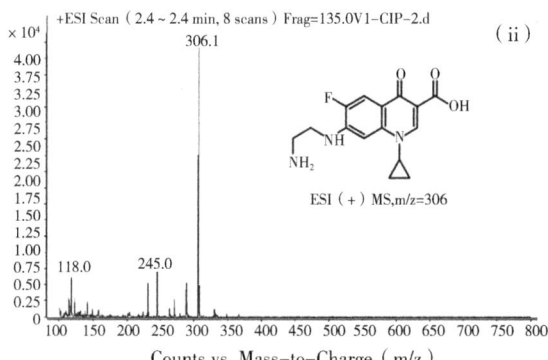
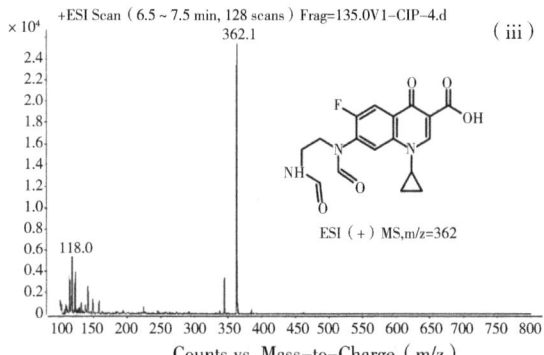

图 2.10 环丙沙星和降解中间产物的质谱图 (a) 以及环丙沙星可能的光催化降解路径 (b)

2 Ti₃C₂/g-C₃N₄可见光催化剂制备和降解水中有机污染物研究

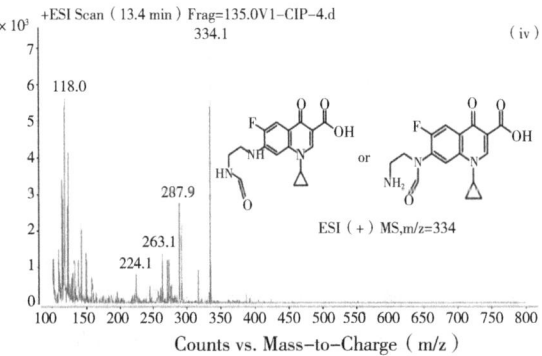

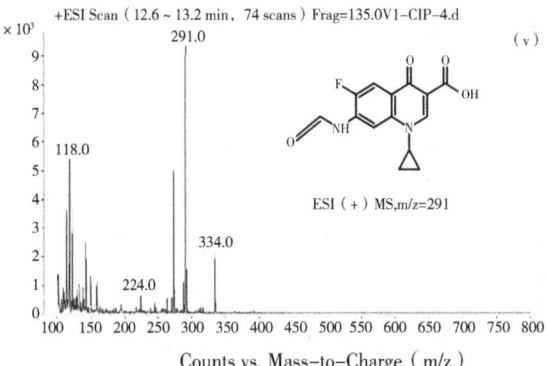

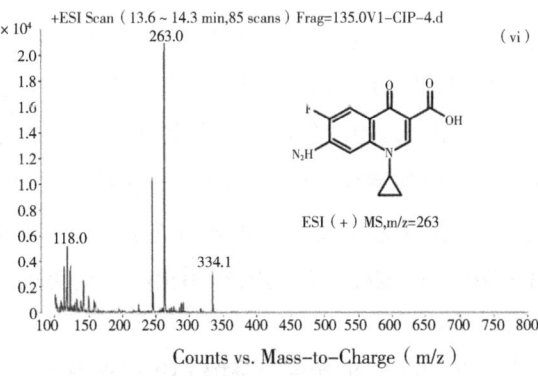

图2.10 环丙沙星和降解中间产物的质谱图（a）以及环丙沙星可能的光催化降解路径（b）（续）

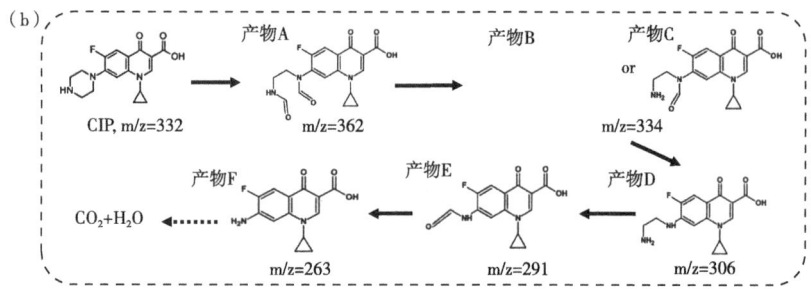

图 2.10 环丙沙星和降解中间产物的质谱图（a）以及环丙沙星可能的光催化降解路径（b）（续）

2.3.4 $Ti_3C_2/g-C_3N_4$ 可见光催化降解环丙沙星的机理分析

为了考察 $Ti_3C_2/g-C_3N_4$ 可见光催化降解 CIP 的反应机理，采用自由基淬灭实验确定反应体系中的活性物种。分别以三乙醇胺（TEOA）、对苯醌（BQ）和异丙醇（IPA）作为光生空穴（h^+）、超氧自由基（$·O_2^-$）和羟基自由基（·OH）的淬灭剂，实验结果如图 2.11 所示。相比不添加任何淬灭剂的对照组实验，加入 TEOA、BQ 和 IPA 后，$Ti_3C_2/g-C_3N_4$ 对 CIP 的光催化降解过程受到不同程度的抑制。其中，加入 TEOA 对 CIP 的降解速率影响最大，150 min 时降解率仅为 18.0%，说明光激发产生的 h^+ 是在 $Ti_3C_2/g-C_3N_4$ 光催化降解 CIP 过程中的主要活性物种。加入 BQ 后，CIP 降解速率明显变慢，降解率减小到 45.0%，这表明 $·O_2^-$ 也对 $Ti_3C_2/g-C_3N_4$ 光催化降解 CIP 有较大贡献。加入 IPA 后，对 CIP 降解率影响不大，说明 ·OH 在该过程中起到的作用很小，这可能是由于反应体系较低的羟基浓度所致。

为了探究 $Ti_3C_2/g-C_3N_4$ 光催化降解 CIP 过程中主要活性自由基的来源，对其能带结构进行了测定，根据公式 E 2.2 和公式 E 2.3

2 Ti₃C₂/g-C₃N₄可见光催化剂制备和降解水中有机污染物研究

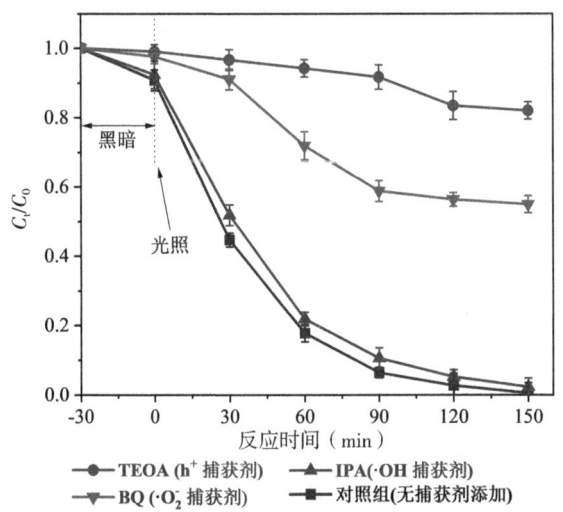

图 2.11 空穴、超氧自由基和羟基自由基淬灭实验

计算导带和价带位置,并结合能带位置分析其电荷迁移路径。

$$E_{VB} = E_f + E_{Vf} \quad (E\ 2.2)$$

$$E_{CB} = E_{VB} + E_g \quad (E\ 2.3)$$

式中,E_g代表光催化剂的带隙能(即禁带宽度),E_{VB}表示价带电势,E_{CB}表示导带电势,E_f表示费米能级,E_{Vf}代表费米能级和价带之间的结合能差。

通过图 2.12 a 的 Mott-Schottky 曲线测试得到 g-C₃N₄NS 相对于甘汞电极(SCE)的平带电位为 -1.18 V,考虑到甘汞电极在室温下相对于标准氢电极(NHE)的电极电位为 0.25 V[172],换算得到 g-C₃N₄的费米能级 E_f 为 -0.93 eV(vs. NHE)。由图 2.12 b 所示的 XPS 价带测试图,得到 g-C₃N₄NS 的费米能级和价带之间的结合能差为 E_{Vf} = 2.07 eV。由公式 E 2.2 计算得到 g-C₃N₄ NS 的价带位置（E_{VB}）处于+1.14 eV。根据图 2.12 c 的 Tauc 曲线切线与 X 轴交点值得到 g-C_3N_4 NS 的禁带宽度 E_g 为 2.68 eV。由公式 E 2.3 计算得到其导带位置 E_{CB} 为-1.54 eV。另外，已知 Ti_3C_2 NS 的费米能级为-0.53 eV，低于 g-C_3N_4 NS 的费米能级，同时高于 $O_2/·O_2^-$ 的氧化还原电势（-0.33 V vs. NHE，pH=7），其相对位置如图 2.13 a 所示。

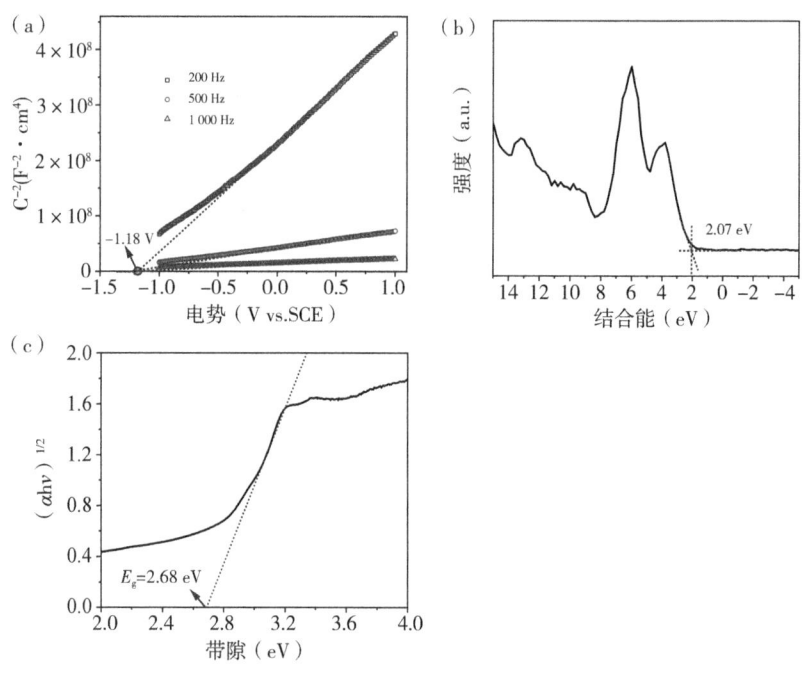

图 2.12 g-C_3N_4 NS 的平带电位（a）、XPS-价带电位（b）和禁带宽度测试（c）

根据以上实验结果，对该反应体系的电荷转移路径和催化降解机理进行推测。在 Ti_3C_2/g-C_3N_4 催化剂中，由于两种二维材料的费

2 Ti₃C₂/g-C₃N₄可见光催化剂制备和降解水中有机污染物研究

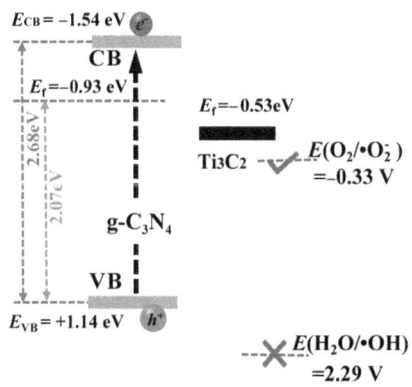

图 2.13 g-C₃N₄和 Ti₃C₂的能带位置示意（pH=7）

米能级差异，其界面接触后使 g-C₃N₄ 的光生电子转移到 Ti₃C₂，直到费米能级达到平衡，g-C₃N₄ 的能带整体向上弯曲，在 g-C₃N₄ 和 Ti₃C₂ 之间形成类肖特基结（图 2.14）。电子越过肖特基势垒到达 Ti₃C₂ 后，快速传递到表面，与水中的溶解氧反应生成 $\cdot O_2^-$，促进有机污染物的氧化分解。同时，由于电子被转移走，避免积累过多光生电子同空穴复合，所以在 g-C₃N₄ 的价带位置处积累的大量光生空穴有效提高了对有机污染物的直接氧化降解能力。另外，g-C₃N₄ 的价带电势低于 $H_2O/\cdot OH$ 的氧化还原电势（2.29 V vs. NHE，pH=7），说明在 g-C₃N₄ 的价带上的光生空穴能量不足以氧化 H_2O 生成 $\cdot OH$，因此 $\cdot OH$ 在该实验体系对于光催化 CIP 降解速率的提高效果不是很明显。综上所述，在 Ti₃C₂/g-C₃N₄ 可见光催化降解 CIP 的反应过程中，光生空穴和由光生电子还原 O_2 得到的 $\cdot O_2^-$ 是对有机污染物进行氧化的主要活性物种，如图 2.15 所示。

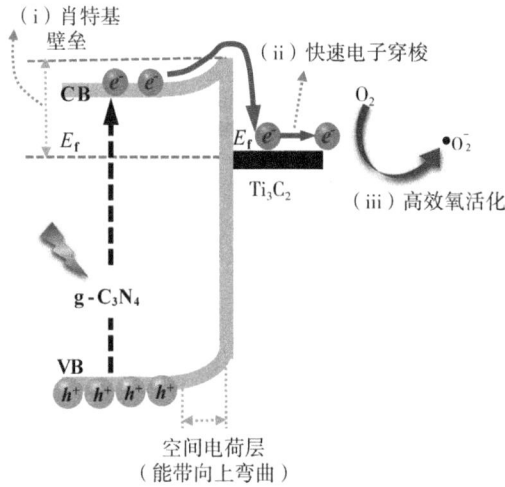

图 2.14　g-C_3N_4 和 Ti_3C_2 形成肖特基势垒增强电荷分离的原理示意

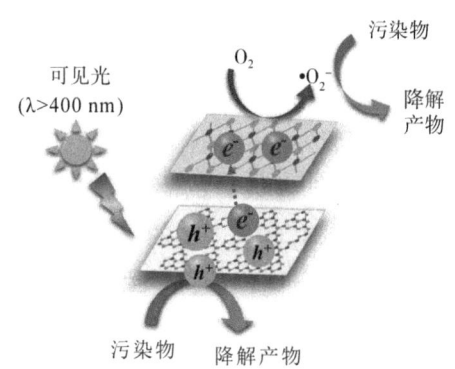

图 2.15　Ti_3C_2/g-C_3N_4 催化剂可见光催化降解 CIP 的反应机理示意

2.4　本章小结

本章采用蒸发诱导自组装法合成了 Ti_3C_2/g-C_3N_4 复合光催化

2 $Ti_3C_2/g-C_3N_4$ 可见光催化剂制备和降解水中有机污染物研究

剂,使用 SEM、TEM、XRD 等表征分析 $Ti_3C_2/g-C_3N_4$ 的形貌和结构特征。以水溶液中的 CIP 为目标污染物考察 $Ti_3C_2/g-C_3N_4$ 的可见光催化降解性能,并结合能带分析和自由基淬灭等实验探究 $Ti_3C_2/g-C_3N_4$ 的光生电荷转移路径及可见光催化降解反应机理,得到如下结论。

(1) $Ti_3C_2/g-C_3N_4$ 复合光催化剂具有二维纳米片层层堆叠的形貌特征。基于 Ti_3C_2NS 的低费米能级和高导电性,$Ti_3C_2/g-C_3N_4$ 中分布在 $g-C_3N_4$ 周围的光生电子向 Ti_3C_2 方向偏移,$Ti_3C_2/g-C_3N_4$ 中 N 元素的 XPS 特征峰相比 $g-C_3N_4$ 的 N 元素特征峰结合能升高。电子单向迁移使 $g-C_3N_4$ 的能带整体向上弯曲,在 $g-C_3N_4$ 与 Ti_3C_2 之间形成类肖特基异质结。

(2) $Ti_3C_2/g-C_3N_4$ 复合催化剂的光吸收边为 515 nm,相比单独 $g-C_3N_4NS$ (450 nm) 发生明显红移,同时在 450~800 nm 的可见光区域内吸收强度高于单独 $g-C_3N_4NS$。$g-C_3N_4NS$ 和 Ti_3C_2NS 之间形成类肖特基异质结后有效减弱了 $g-C_3N_4$ 光生电子-空穴对的复合,使其光致荧光发光强度降低,光生电荷分离和迁移能力提高,$Ti_3C_2/g-C_3N_4$ 在可见光下的光电流 (2.2 $\mu A \cdot cm^{-2}$) 是单独 $g-C_3N_4NS$ 光电流 (0.80 $\mu A\ cm^{-2}$) 的 2.8 倍。

(3) 在波长大于 400 nm 的可见光照射下,$Ti_3C_2/g-C_3N_4$ 光催化降解水中 CIP 在 150 min 内降解率达到 99.5%,拟一级反应动力学速率为 0.035 min^{-1},是单独 $g-C_3N_4NS$ 的 2.2 倍。通过自由基淬灭实验,确定了光生 h^+ 和 $\cdot O_2^-$ 为 $Ti_3C_2/g-C_3N_4$ 可见光催化降解水溶液中 CIP 的关键活性物种。

3 Ti_3C_2/PCN可见光催化剂制备和光催化记忆效应降解水中有机污染物研究

3.1 引言

研究发现，二维纳米片 Ti_3C_2/g-C_3N_4 复合光催化剂表现出良好的电荷分离性能和可见光催化降解能力。多孔纳米结构的多重反射效应有利于捕获入射光[173]，产生光生电子数增多，通过光生电子迁移和存储，实现光生电子的有效利用。为此，设计二维多孔 g-C_3N_4（PCN）和二维 Ti_3C_2 层层堆叠的 Ti_3C_2/PCN 复合光催化剂，实现光生电子的迁移、存储和利用，对拓展氮化碳基催化剂水处理应用具有重要意义。

传统光催化材料需要持续光照环境，但太阳光只能在白天供应能量，想要在夜间或阴天持续使用光催化剂进行反应则需要配置辅助光源，造成能源消耗和成本增加，使光催化技术的大规模应用和长远发展受到限制[31]。针对该问题，一种更有效利用太阳能的方法是将具有光电效应的半导体光催化剂材料（PC）与储能材料（ESM）结合，构建光能存储系统[174,175]。这种光催化系统可称为"全天候光催化"体系，也可称为"光催化记忆"体系，其本质上是一种类似充放电的反应。近年来，一些具有光催化记忆效应的催

3 Ti_3C_2/PCN 可见光催化剂制备和光催化记忆效应降解水中有机污染物研究

化剂材料被相继报道,如 TiON/PdO[176,177]、Mo-TiO$_2$[178]、I-TiO$_2$[179]、Ag@TiO$_2$[180]、Cu$_2$O/TiO$_2$[181]、Cu$_2$O/SnO$_2$[182]、单晶 Se 纳米棒[183]、半金属 Bi 纳米粒子[184]、钨酸盐纳米点[185]、NaBiO$_3$/BiO$_{2-x}$[186]、WO$_3$/g-C$_3$N$_4$[187]、CN-CNT-Gr[188] 和 Ag/g-C$_3$N$_4$/V$_2$O$_5$[189] 等。这些材料的共同特性是在不同时间的预先光照条件下捕获一部分光生电子并存储在催化剂内部,之后在黑暗条件下被存储的电子可再次被释放与氧气或 H$_2$O 反应生成超氧化物用于杀菌或降解污染物,从而体现出光催化剂记忆效应,最大化地利用太阳能资源,降低夜间或阴天时水处理反应耗能。Ti$_3$C$_2$ 材料不仅具有金属导电性,也表现出优异的电容储能特性,已有文献报道 Ti$_3$C$_2$ 在超级电容器中被用作电极材料,分层 Ti$_3$C$_2$ 的体积比电容约为 340 F·cm^{-3} 且性能稳定[190,191]。由 g-C$_3$N$_4$(PC 部分)和 Ti$_3$C$_2$(ESM 部分)相结合构建光能存储系统,在提高电荷分离性能和可见光催化降解能力的同时,利用光催化记忆效应实现全天候的水中有机污染物降解。

本章采用硬模板法合成多孔 g-C$_3$N$_4$(PCN)纳米片,通过真空抽滤法制备 Ti$_3$C$_2$/PCN 复合光催化剂,利用多种表征手段分析 Ti$_3$C$_2$/PCN 的形貌结构和理化性质。以苯酚为目标污染物,在可见光照条件下研究 Ti$_3$C$_2$/PCN 光催化降解性能。使用预光照处理的 Ti$_3$C$_2$/PCN 在黑暗条件下进行催化降解实验,考察其光催化记忆效应,探究 Ti$_3$C$_2$/PCN 光生电荷分离、迁移、存储和释放的机理。

3.2 实验部分

3.2.1 实验材料和仪器

除部分与第 2 章 2.2.2 节相同外,另外使用到了以下实验材料和仪器。

单氰胺（CH_2N_2），分析纯，阿拉丁化学技术有限公司

四乙氧基硅烷（TEOS，$C_8H_{20}O_4Si$），分析纯，阿拉丁化学技术有限公司

氨水（$NH_3 \cdot H_2O$），质量分数25%，天津市大茂化学试剂厂

氢氧化钠（NaOH），天津市大茂化学试剂厂

氢氟酸（HF）分析纯，天津市大茂化学试剂厂

苯酚（C_6H_5OH），分析纯，阿拉丁化学技术有限公司

双酚A（$C_{15}H_{16}O_2$），分析纯，阿拉丁化学技术有限公司

4-氯酚（C_6H_5OCl），分析纯，阿拉丁化学技术有限公司

磺胺甲恶唑（$C_{10}H_{11}N_3O_3S$），分析纯，阿拉丁化学技术有限公司

5,5-二甲基-1-吡咯啉-N-氧化物（DMPO，$C_6H_{11}NO$），分析纯，阿拉丁公司

原子力显微镜，Nanoscope ⅢA+，美国Veeco公司

电子顺磁共振光谱仪，Bruker A200-9.5/12，德国布鲁克公司

3.2.2 Ti_3C_2/PCN 催化剂的制备

（1）SiO_2 模板的制备

借鉴 Stöber 方法[192]制备尺寸为50 nm 的 SiO_2 球。首先，取250 mL乙醇、19.46 mL高纯水和5.54 mL氨水进行充分混合，磁力搅拌1 h后，快速加入15 mL四乙氧基硅烷（TEOS）。将所得溶液在25 ℃下继续磁力搅拌6 h，逐渐变为乳白色，表明形成了 SiO_2 微球。将获得的乳白色溶液以10 000 rpm 离心5 min，并用无水乙醇洗涤3次，用去离子水洗涤2次。然后，将离心后的固体重新分散在20 mL无水乙醇中，在50 ℃条件下进行真空干燥。最后将所得的白色固体在马弗炉中以5 ℃·min^{-1}的升温速率和550 ℃的温度进行5 h的热处理去除杂质，自然冷却到室温后取出备用。

3 Ti_3C_2/PCN 可见光催化剂制备和光催化记忆效应降解水中有机污染物研究

(2) 多孔 g-C_3N_4 的制备

采用硬模板法制备多孔 g-C_3N_4（PCN）。将 SiO_2 模板剂与液态的单氰胺前驱体以 1∶1 的质量比进行混合，并在真空干燥箱中 50 ℃ 处理 3 h 去除水分。然后在氮气气氛管式炉中以 4 ℃·min^{-1} 的加热速率加热到 550 ℃ 保持 5.5 h，对混合有 SiO_2 模板剂的单氰胺前驱体进行热聚合反应，自然冷却到室温后得到黄色产物，将其在玛瑙研钵中研磨成细粉，并用 NaOH 溶液浸泡过夜以刻蚀去除 SiO_2 模板剂。接下来，将产物用去离子水洗涤数次并进行冷冻真空干燥以去除 PCN 孔洞中的杂质。同时，为了进行比较，除不添加 SiO_2 模板剂外，采用与上述制备 PCN 完全相同的步骤制备了块状 g-C_3N_4（BCN）。

(3) 二维 Ti_3C_2/PCN 复合光催化剂的制备

将 PCN 的水溶液悬浮液（1 g·L^{-1}）置于超声仪中进行超声处理 4 h，然后以 1 000 rpm 的转速在离心机中运转 30 min。收集顶部的 80% 液体作为 PCN 纳米片的水悬浮液。采用与第 2 章 2.2.2 (2) 相同的步骤得到 Ti_3C_2 纳米片悬浮液。在连续搅拌过程中，使用移液枪将 Ti_3C_2 纳米片的悬浮液逐滴添加至 PCN 纳米片的悬浮液中，其中 Ti_3C_2 和 PCN 质量比分别控制为 1∶10、2∶10 和 5∶10。搅拌 1 h 后，通过真空过滤得到复合光催化剂，冷冻干燥并研磨后得到 Ti_3C_2/PCN 复合光催化剂粉末，分别命名为 Ti_3C_2/PCN-1/10、Ti_3C_2/PCN-2/10 和 Ti_3C_2/PCN-5/10。具体的制备过程示意如图 3.1 所示。

3.2.3　Ti_3C_2/PCN 催化剂的表征

(1) 形貌表征

采用扫描电子显微镜（SEM）和透射电子显微镜（TEM）对 Ti_3C_2/PCN 催化剂的表面形貌和微观结构进行观察。使用原子力显微镜（AFM）对二维纳米片的厚度进行表征测试。

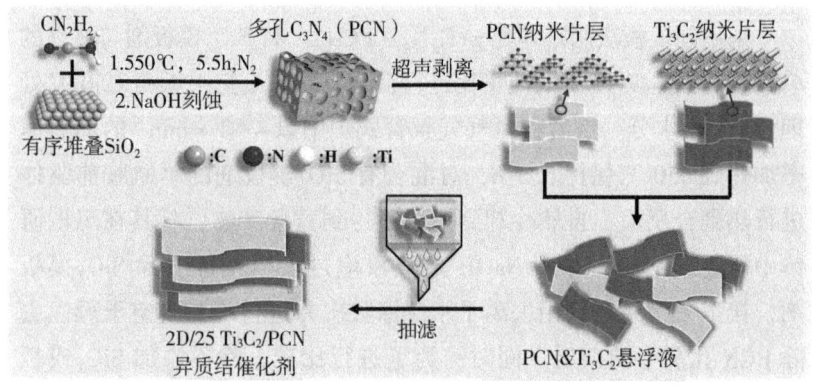

图 3.1　二维/二维 Ti_3C_2/PCN 复合光催化剂的制备过程示意

(2) 组成和结构分析

在透射电子显微镜背散射模式（HAADF-STEM）下使用能量散射 X 射线谱（EDS）对 Ti_3C_2/PCN 催化剂的元素组成和分布进行分析。采用粉末 X 射线衍射（XRD）、傅立叶变换红外光谱（FT-IR）和 X 射线光电子能谱（XPS）对催化剂的晶体结构、表面官能团结构和元素化学状态进行分析，仪器参数详见第 2 章 2.2.3 (2)。

(3) 光学性质分析

使用紫外-可见分光光度计对 Ti_3C_2/PCN 催化剂的紫外-可见漫反射光谱（DRS）进行采集，以 $BaSO_4$ 作参比，采集范围为 190~800 nm。使用荧光分光光度计对催化剂的光致发光光谱（PL）进行测定，激发波长为 380 nm，扫描区间为 410~550 nm。

(4) 电学性质分析

利用电化学工作站对催化剂的光电流密度和莫特-肖特基曲线进行分析。采用标准三电极体系，以铂（Pt）片为对电极，饱和甘汞电极（SCE）为参比电极，导电面沉积有 Ti_3C_2/PCN 催化剂的

FTO 导电玻璃为工作电极，电解液为 0.1 M 的 Na_2SO_4 水溶液。光电流测试条件为：初始电位 0 V，以 20 s 的时间间隔依次进行黑暗/光照条件下的电流信号测试。莫特-肖特基曲线测试条件为：测试电位范围-1.0 V~0.5 V，频率 500 Hz，振幅 10 mV。

3.2.4 光催化降解实验和分析方法

苯酚（Phenol，C_6H_6O）是一种重要的有机合成原料，广泛应用于塑料、染料、医药、合成橡胶、香料、涂料、炼油、合成纤维等工业中，但是具有皮肤灼伤、抑制中枢神经和肝脏损伤等毒性，随着工业或医药废水的排放存在环境暴露风险。本部分实验以苯酚为目标污染物，在实验室配置 20 mg·L^{-1} 的苯酚模拟废水，对其进行光催化降解，通过污染物浓度随时间变化情况分析 Ti_3C_2/PCN 的可见光催化降解性能。使用配备 400 nm 紫外截止滤光片的氙灯作为可见光源，调节光照强度为 100 mW·cm^{-2}。称取 10 mg 光催化剂分散到 50 mL 的苯酚水溶液中，先在黑暗中搅拌，待吸附-解吸平衡后，打开光源开启可见光催化降解过程。每隔 15 min 取 1 mL 反应液，通过 0.22 μm 针头过滤器过滤后，使用高效液相色谱（HPLC）测试反应液中苯酚的浓度，HPLC 配备紫外检测器（Waters-2475）和 Waters-C18 柱（250 mm×4.6 mm，5μ），流动相由 78%的 H_3PO_4（20 mM）和 22%的乙腈组成，检测波长为 270 nm。同时，也对环丙沙星（CIP）、磺胺甲恶唑（SMX）、双酚 A（BPA）和 4-氯酚（4-CP）等有机污染物进行可见光催化降解，分析催化剂的广谱降解特性。

对 Ti_3C_2/PCN 的光催化记忆效应进行分析的实验过程分为可见光预辐射和黑暗中催化降解两个阶段。第一阶段，将催化剂样品置于可见光源下，预照射一定的时间（如 1 h、3 h、5 h、7 h），然后将其自然冷却到室温，冷却时间小于 1 h。第二阶段，将冷却后的催化剂样品投放到 20 mg·L^{-1} 的苯酚模拟废水中，在黑暗中进行催化降解实验，实验的取样方法和苯酚浓度测试方法同上述光催化降解实验过程相同。

3.3 结果与讨论

3.3.1 Ti$_3$C$_2$/PCN 催化剂的形貌和结构分析

采用扫描电子显微镜（SEM）对催化剂的表面形貌结构进行表征。如图 3.2 a 所示为借鉴 Stöber 方法制备得到的 SiO$_2$ 微球，单个小球直径约为 50 nm，所有小球尺寸均匀，呈现整齐堆叠排列的特征，可以作为制备 PCN 的硬模板剂。图 3.2 b 为模板法制备得到的 PCN 纳米材料，其表面形貌呈现出不规则的多孔片层结构。图 3.2 c 为 HF 酸刻蚀法得到的 Ti$_3$C$_2$ 纳米片层催化剂。将 PCN 和 Ti$_3$C$_2$ 两种纳米片进行超声剥离、液相混合并真空抽滤后，得到图 3.2 d 所示的 Ti$_3$C$_2$/PCN 纳米复合光催化剂，表现出多孔纳米片层堆叠的表面形貌特征。

采用原子力显微镜（AFM）测定 PCN 和 Ti$_3$C$_2$ 纳米片的厚度。如图 3.3AFM 图像和黄色直线划过区域的截面高度图所示，超声波剥离后得到单个 PCN 和 Ti$_3$C$_2$ 纳米片的厚度分别约为 0.4 nm 和 13 nm。文献中所报道的单层 g-C$_3$N$_4$ 厚度为 0.3~0.5 nm，单层 Ti$_3$C$_2$ 的厚度约为 1 nm。本实验中接近单层厚度的 PCN 部分在一定程度上有利于抑制光生电荷的重组，缩短电荷迁移距离，使其面内光生电子更快地向 Ti$_3$C$_2$ 中迁移；约 10 多个层厚的 Ti$_3$C$_2$ 则有利于提供相对良好的电容性能用于光生电子存储过程。

通过透射电子显微镜（TEM）更进一步地观察 Ti$_3$C$_2$/PCN 催化剂的微观结构和元素分布情况。图 3.4 a 为 Ti$_3$C$_2$/PCN 催化剂的

3 Ti₃C₂/PCN 可见光催化剂制备和光催化记忆效应降解水中有机污染物研究

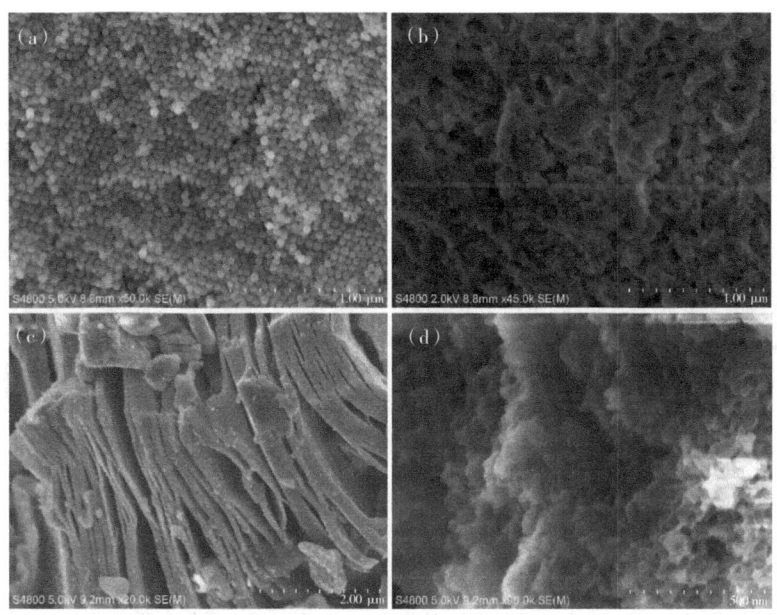

图 3.2 有序堆叠的 SiO_2 球（a）、PCN（b）、Ti_3C_2（c）和 Ti_3C_2/PCN 复合催化剂（d）的 SEM 图

TEM 图像，显示了微观尺度下多孔纳米片和无孔纳米片的交错堆叠。图 3.4 b 的 HRTEM 图根据其各自的晶格条纹特征进一步证实了 PCN 和 Ti_3C_2 的交错排列结构特征。此外，通过 HAADF-STEM 图（图 3.4 c）和其黄色框内选区相对应的 EDS 元素映射图（图 3.4 d），可以观察到 Ti_3C_2/PCN 光催化剂中 C、N 和 Ti 元素的均匀分布。

使用粉末 X 射线衍射（XRD）分析 BCN、PCN、Ti_3C_2 和 Ti_3C_2/PCN 催化剂的晶体结构特征。如图 3.5 a 所示，BCN 样品表现出 2θ 值为 13.1°和 27.2°的两个衍射特征峰，对应于 $g-C_3N_4$ 的 XRD 标准卡片 JCPDS#87-1526 中的（100）和（002）衍射面，分

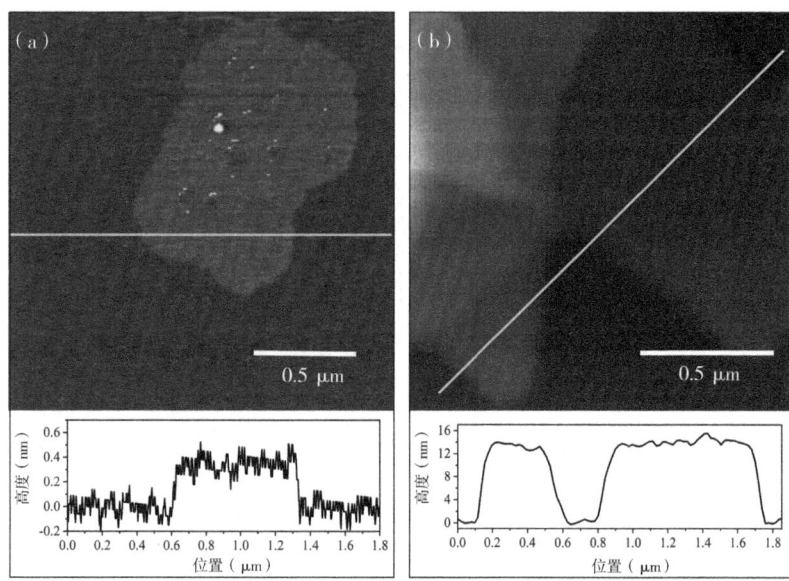

图3.3 PCN（a）和 Ti_3C_2 纳米片（b）的 AFM 图像和截面分析

别代表3-s-三嗪结构单元在平面内的重复和 π 共轭平面结构的层层堆积。PCN 样品的（100）衍射峰与 BCN 相比峰强明显较弱，并向低衍射角方向偏移1.7°，这是因为当块状 BCN 被刻蚀成多孔层状纳米结构的 PCN 时其面内重复单元被破坏造成的。另外，由于多孔结构的影响，PCN 纳米尺寸相比 BCN 减小，结晶度下降，也导致其（002）衍射峰形比 BCN 略宽。图 3.5 b 为 PCN、Ti_3C_2 和 Ti_3C_2/PCN 纳米复合光催化剂的 XRD 图，可以看到 Ti_3C_2/PCN 的衍射峰体现出 PCN 和 Ti_3C_2 的特征，说明 PCN 和 Ti_3C_2 复合形成异质结后，两者之间较弱的范德华力相互作用对彼此的晶体结构影响都比较小，从而能保留各自原始的部分特性。

结合图 3.6 所示的傅里叶变换红外光谱（FT-IR）分析了 PCN、Ti_3C_2 和 Ti_3C_2/PCN 催化剂的化学官能团。PCN 在 3 050~

3 Ti₃C₂/PCN 可见光催化剂制备和光催化记忆效应降解水中有机污染物研究

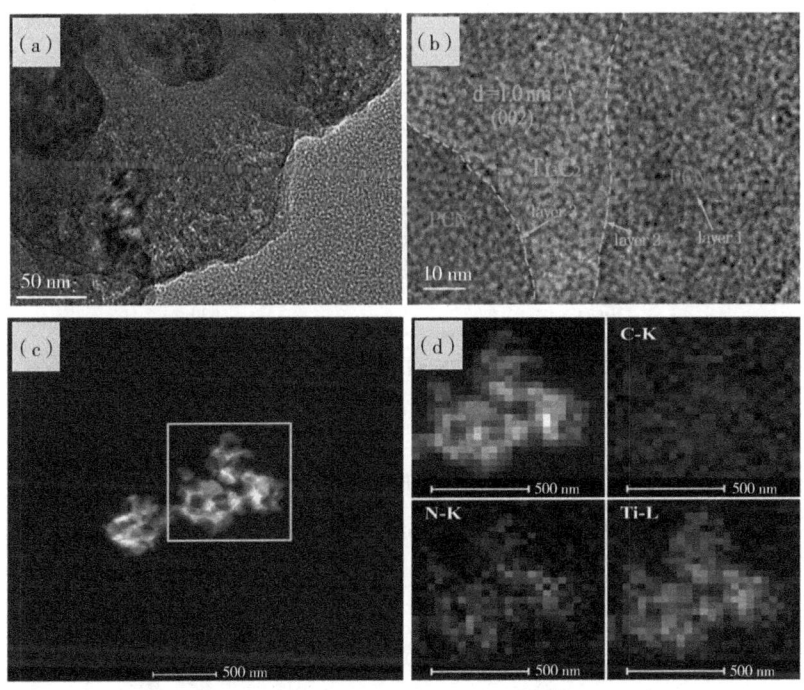

图 3.4　Ti₃C₂/PCN 光催化剂的 TEM（a）、HRTEM（b）、HAADF-STEM（c）图和相应的 EDS 元素映射（d）图

3 500 cm^{-1}、1 200~1 650 cm^{-1} 和 806 cm^{-1} 的 3 个吸收带分别归属于石墨相氮化碳的 N—H 键、C—N/C=N 杂环和石墨相 π 共轭结构的层间氢键，另外，2 230 cm^{-1} 附近的特征峰则来自多孔结构 PCN 增多的边缘氰基基团（C≡N）的贡献。单独的 Ti₃C₂ 红外强度很弱，将其信号放大 25 倍后，发现在大约 3 000 cm^{-1} 和 1 058 cm^{-1} 处存在的特征峰可分别对应于 O—H 和 C—O 拉伸振动，反映了 Ti₃C₂ 中存在少量的-OH 和-O 终端基团。对于 Ti₃C₂/PCN 复合催化剂，可以看到归属于 PCN 的特征峰得以保留，峰位置变化不大但强度减弱，

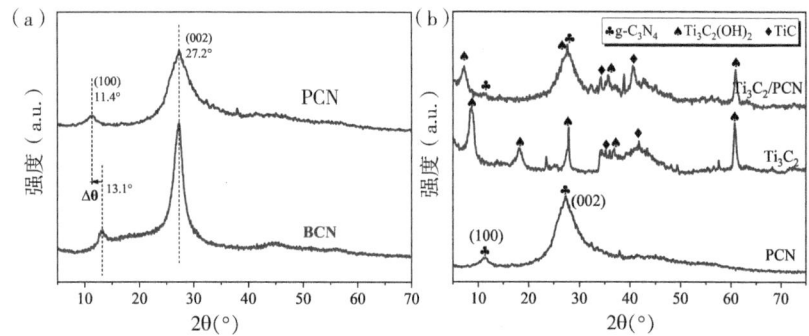

图 3.5 (a) BCN 和 PCN 的 XRD 对比图；
(b) PCN、Ti_3C_2 和 Ti_3C_2/PCN 的 XRD 对比图

没有新的吸收带出现，这表明异质结的形成不会改变 PCN 骨架结构，与上述 XRD 的表征结果所得结论相一致。

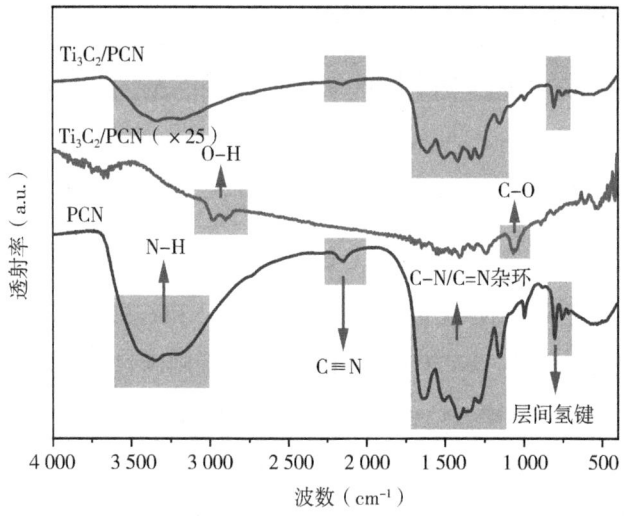

图 3.6 PCN、Ti_3C_2 和 Ti_3C_2/PCN 的 FT-IR 对比

3 Ti₃C₂/PCN 可见光催化剂制备和光催化记忆效应降解水中有机污染物研究

通过高分辨 X 射线光电子能谱（XPS）测试复合前和复合后 C、N 和 Ti 元素的结合能变化情况，从而分析 Ti$_3$C$_2$/PCN 催化剂中 PCN 和 Ti$_3$C$_2$ 之间的相互作用和电子迁移方向。图 3.7（a-i）和（b-i）分别显示了单独 PCN 的 C 1s 峰和 N 1s 峰，可以看到 C 1s 在结合能大约为 284.6 eV 和 288.0 eV 的位置有 2 个峰，分别归属于 C-C 键和 N-C=N 键；N 1s 在结合能为 398.4 eV、399.9 eV 和 401.0 eV 的位置有 3 个峰，分别归属于 C-N=C 的 sp^2 结合氮，N-(C)$_3$ 基团的叔氮和不完全聚合引起的边缘氨基氮。对于 Ti$_3$C$_2$，其 C 1s 和 Ti 2p 的特征峰在图 3.7（a-ii）和（c-i）中给出，在 C 1s

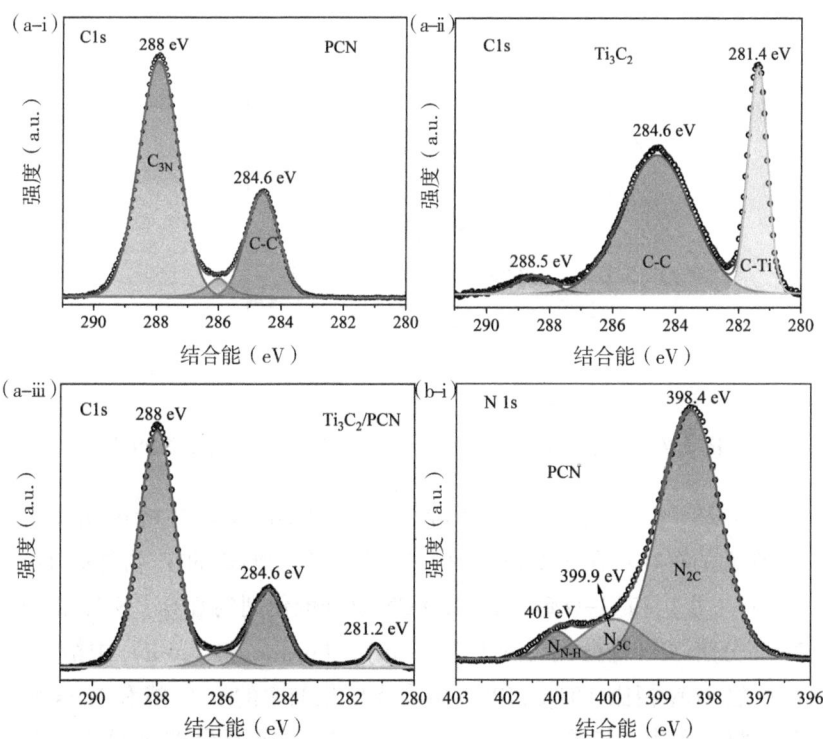

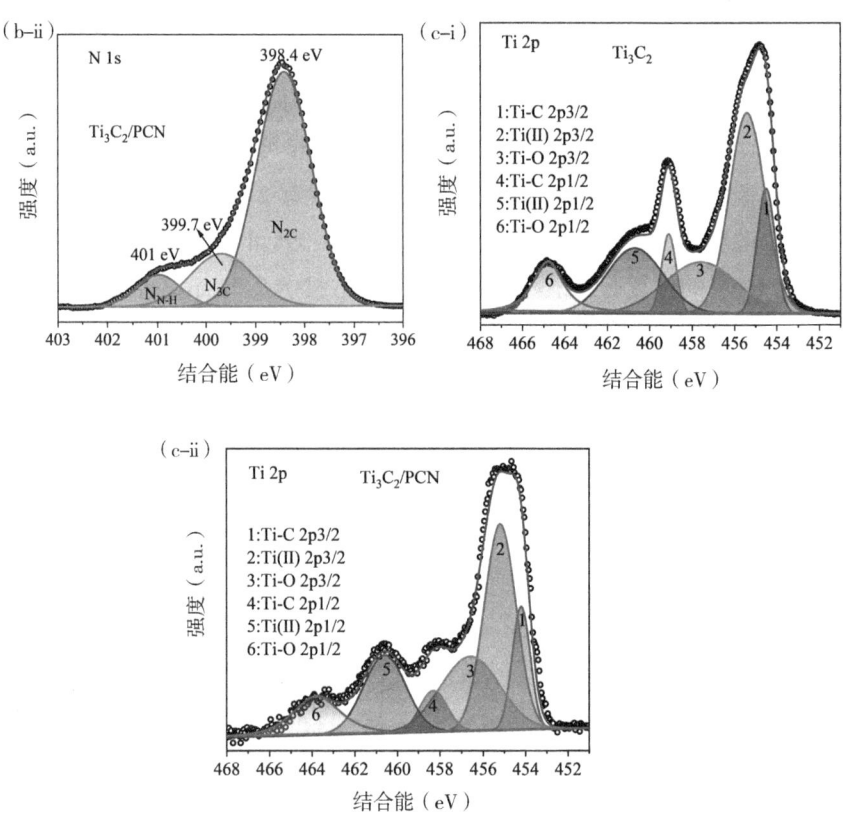

图 3.7　(a) C 1s、(b) N 1s 和 (c) Ti 2p 的高分辨 XPS 图

中，除 284.6 eV 的 C-C 校正峰外，在 281.4 eV 的主峰可归属于 C-Ti 键的存在；在 Ti 2p 中，可以观察到多种形式的 Ti 物种如 Ti-C，Ti（Ⅱ）和 Ti-O 键。Ti_3C_2/PCN 复合催化剂的 C 1s、N 1s 和 Ti 2p 高分辨 XPS 峰分别在图 3.7（a-iii）、（b-ii）和（c-ii）中给出。与单独 PCN 相比，Ti_3C_2/PCN 复合光催化剂中的 C 1s 峰和 N 1s 峰没有明显变化。与单独 Ti_3C_2 相比，Ti_3C_2/PCN 复合催化剂的 C 1s 中 Ti-C 键特征峰向低结合能方向发生了约 0.2 eV 的轻微偏移，其

Ti 2p 的所有特征峰也均向低结合能方向偏移,这可以归因于 Ti_3C_2/PCN 中 Ti_3C_2 层周围电子云密度增加,表明电子倾向于从 PCN 迁移到 Ti_3C_2 方向。PCN 和 Ti_3C_2 形成了层层堆叠的异质结构后,两者界面形成内建电场,可以诱导电子从 PCN 迁移到 Ti_3C_2,从而增加 Ti_3C_2 附近的电子云密度,使 Ti-C 和 Ti-O 的结合能降低。

3.3.2 Ti_3C_2/PCN 催化剂的光电化学性能分析

图 3.8 a 为不同催化剂样品的紫外-可见漫反射光谱(DRS)图。相比于 BCN 材料,PCN 的光吸收范围发生红移,吸收边从 505 nm 拓展到 576 nm,这是由于多孔纳米结构内部的多重反射效应有利于捕获更多的入射光。受 Ti_3C_2 优异的吸光性能的影响,不同 Ti_3C_2/PCN 样品在可见光区域的光吸收能力相比单独 PCN 都有所提升,且随着复合物中 Ti_3C_2 所占比例的增高而增高。光吸收性能的提高使得 Ti_3C_2/PCN 催化剂相比单独 PCN 产生更多的光生电荷。通过测量莫特-肖特基曲线图(图 3.8 b)来比较 PCN 与 Ti_3C_2/PCN 的电荷载流子密度 (N_D),电荷载流子密度通过等式 E 3.1 计算

$$N_D = 2/(e\varepsilon\varepsilon_0 K) \quad (E\ 3.1)$$

式中,e 是元电荷电量 (1.602×10^{-19} C),ε 是介电常数 (g-C_3N_4 约为 7.5),ε_0 是真空中的介电常数 (8.854×10^{-12} F·m^{-1}),K 是 C^{-2} 对电势作图所得的斜率。PCN 和 Ti_3C_2/PCN 的 Mott-Schottky 图的线性部分相对应的斜率 (K 值) 分别为 0.976×10^7 和 1.738×10^7。因此,Ti_3C_2/PCN 的载流子密度 N_D 经公式 E 3.1 计算为 $9.63\times10^{21} cm^{-3}$,是 PCN ($5.41\times10^{21} cm^{-3}$) 的 1.78 倍。

采用光致发光光谱和光电流密度测试进一步分析催化剂中光生电子-空穴对的分离和转移性能。如图 3.8 c 所示,由于光生电子和空穴的复合,单独 PCN 催化剂在 435 nm 附近产生明显的荧光发

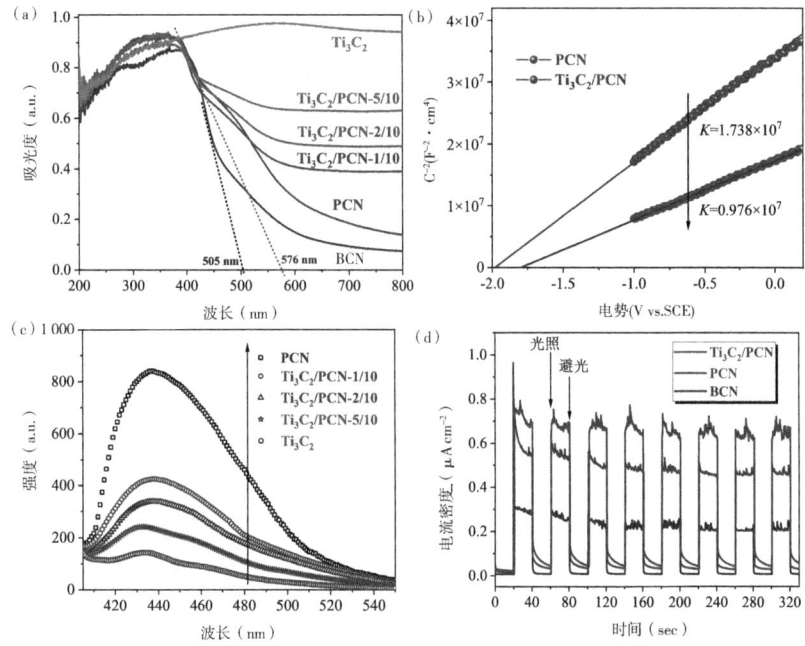

a. 紫外-可见漫反射光谱；b. 莫特-肖特基曲线；c. 光致发光光谱；
d. 光照和黑暗条件下的电流密度曲线

图3.8　Ti_3C_2/PCN等催化剂的不同响应曲线

射峰。与PCN相比，Ti_3C_2/PCN的光致发光强度降低，可归因于光生载流子复合被抑制，这表明在Ti_3C_2和PCN之间的内置电场驱动下，电子-空穴对被有效分离并沿相反方向层迁移。观察光照和黑暗条件下的电流密度（图3.8d）图可以发现，Ti_3C_2/PCN的光电流密度为$0.7\ \mu A \cdot cm^{-2}$，明显高于单独PCN材料（$0.5\ \mu A \cdot cm^{-2}$），这也表明了Ti_3C_2/PCN复合光催化剂中的光生电子和空穴被更有效地分离和传递。

3.3.3 Ti₃C₂/PCN 可见光催化及光催化记忆效应降解有机污染物性能评价

通过在可见光（$\lambda>400$ nm）照射下对苯酚的降解反应来分析 Ti₃C₂/PCN 光催化剂的可见光催化活性。如图3.9 a 所示，所有催化剂对苯酚的吸附在30 min 内达到吸附-解吸平衡过程，其吸附率均低于5%。在可见光照射条件下反应180 min 后，BCN 和 PCN 催化剂对苯酚的去除率分别为25.0%和54.6%，复合催化剂 Ti₃C₂/PCN-1/10、Ti₃C₂/PCN-2/10 和 Ti₃C₂/PCN-5/10 催化剂对苯酚的去除率分别为70.4%、98.0%和81.9%。在相同的实验条件下反应同样的时间，Ti₃C₂/PCN 复合催化剂对苯酚的光催化降解能力均高于单独 PCN 催化剂，表明在光吸收性能和光生电荷分离性能提高的综合作用下，催化剂的可见光催化降解性能得到改善。

为了量化比较光催化反应速率，对苯酚降解过程中浓度随时间的变化进行动力学拟合，发现其符合拟一级动力学模型，拟合曲线如图3.9 b 的插图所示。根据反应动力学常数的计算公式（E 2.1），由拟合曲线的斜率值得到各催化剂降解苯酚的反应动力学常数，其对比情况在图3.9 b 中给出。3个不同质量比的 Ti₃C₂/PCN 复合催化剂样品对苯酚进行降解的反应动力学常数均高于 PCN，其中，最高的是 Ti₃C₂/PCN-2/10 样品，其反应速率为 0.022 min^{-1}，是单独 PCN（约 0.0045 min^{-1}）的4.9倍。这是由于复合催化剂中 PCN 被光激发产生光生电子-空穴，这些光致电荷载流子受到异质结内建电场的影响而得到有效分离，相比单独 PCN 而言其载流子复合率下降，更多的光生电荷迁移到催化剂表面参与反应，因而提高光催化降解过程的反应速率。另外，Ti₃C₂/PCN-2/10 催化剂对苯酚的降解速率常数分别是 Ti₃C₂/PCN-1/10 和 Ti₃C₂/PCN-5/10 催化剂的3.2倍和2.3倍，这是由于当 Ti₃C₂ 与 PCN 的质量比小于

2/10 时,Ti_3C_2/PCN 纳米复合光催化剂的光催化活性随 Ti_3C_2 含量的增加而增加。但是,当复合催化剂中 Ti_3C_2 的含量过大时,会因为悬浮液体系中透光率下降而影响对可见光的吸收,进而影响反应体系的催化降解效率。

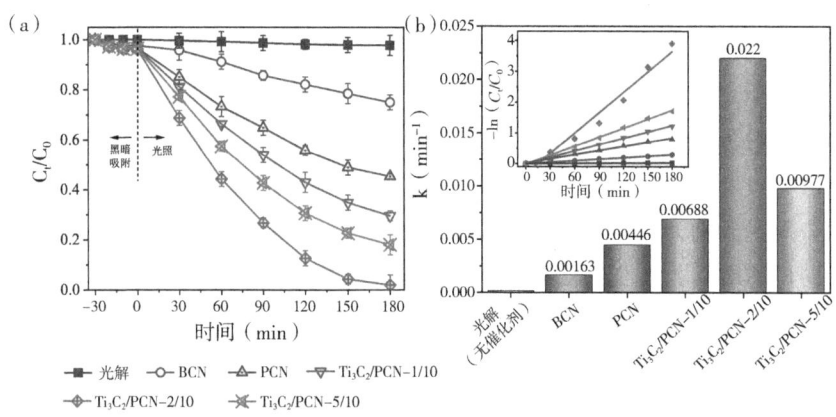

图 3.9 在可见光照射下对苯酚的光催化降解(a)和降解过程的反应动力学常数(b)

注:反应条件为室温,pH=7,催化剂浓度 0.2 g·L^{-1},苯酚初始浓度 C_0=20 mg·L^{-1}。

将 Ti_3C_2/PCN-2/10 催化剂暴露于可见光下分别预照射 1 h、3 h、5 h 和 7 h,然后关掉光源将催化剂投加到苯酚溶液中,在黑暗条件下进行苯酚降解实验,探究其光催化记忆效应。如图 3.10 所示,所有被可见光预照射过的 Ti_3C_2/PCN-2/10 催化剂均可在黑暗条件中分解苯酚,预照射时间分别为 1 h、3 h、5 h 和 7 h 的 Ti_3C_2/PCN-2/10 催化剂在反应 120 min 后对苯酚的去除率分别为 21.0%、27.1%、32.0% 和 33.1%。苯酚的降解率随着预照射时间的增加而逐渐提高,这是由于催化剂存储的电子数随着光照时间增加而更多。但是预照射 7 h 的光催化剂对于苯酚的降解率非常接近,相比预照射 5 h 的光催

3 Ti₃C₂/PCN 可见光催化剂制备和光催化记忆效应降解水中有机污染物研究

化剂,这意味着 $Ti_3C_2/PCN-2/10$ 催化剂对光生电子的存储量是有限的,预照射时间超过 5 h 后其存储电子量趋于饱和,关掉光源后在黑暗条件中降解苯酚的效率也不会再继续提高。以上分析表明,Ti_3C_2/PCN 的光催化记忆性能取决于 ESM 部分(Ti_3C_2)的电子存储性能,在 Ti_3C_2/PCN 催化剂中光生电子的存储和释放分别发生在预光照过程和黑暗条件下的催化反应过程。

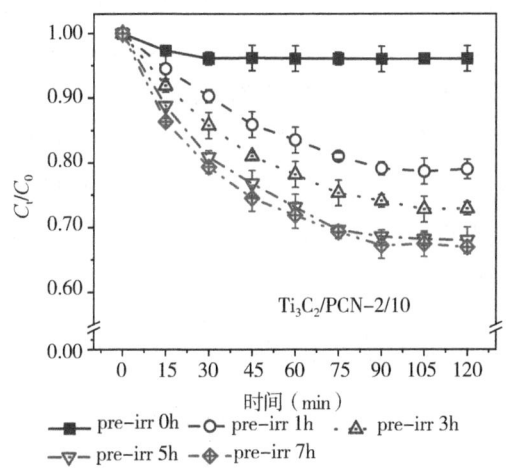

图 3.10　$Ti_3C_2/PCN-2/10$ 催化剂不同预照射后黑暗中对苯酚进行催化降解反应

注:反应条件为室温,pH=7,催化剂浓度 $0.2\ g\cdot L^{-1}$,苯酚初始浓度 $C_0 = 20\ mg\cdot L^{-1}$。

对上述实验过程进行重复循环,即预光照 5h 之后关闭光源在黑暗条件降解苯酚 2 h,然后清洗催化剂进行下一轮预光照和黑暗中降解实验,以此来判断的 $Ti_3C_2/PCN-2/10$ 催化剂的可重复使用性能。如图 3.11 a 所示,经过 5 次循环实验,没有观察到苯酚降解效率的明显降低,表明 $Ti_3C_2/PCN-2/10$ 催化剂具有很好的稳定性和可重复使用性。为了进一步证明 $Ti_3C_2/PCN-2/10$ 催化剂应用的普适性，使用同样的反应体系对几种不同的有机污染物进行降解，分析其可见光催化降解性能和光催化记忆活性。如图 3.11 b 所示，在可见光照条件下反应 2 h 后，Ti_3C_2/PCN-2/10 催化剂对 CIP、SMX、BPA 和 4-CP 的去除率分别为 99.1%、89.4%、89.1% 和 92.3%，相同时间内对 CIP 的可见光催化降解率高于 Ti_3C_2/g-C_3N_4（97.3%）。预辐照 5 h 后的 Ti_3C_2/PCN-2/10 催化剂，在黑暗条件下对 CIP、SMX、BPA 和 4-CP 的催化去除率则分别 40.2%、33.8%、34.5% 和 35.1%。该结果证明，Ti_3C_2/PCN-2/10 对多种有机污染物的降解表现出同样的催化降解能力，具有一定的普适性。由于预辐照过程中存在一定的能量损失，虽然黑暗中反应相同时间对有机污染物的去除率低于直接光照体系，但利用光催化记忆效应进行污染物降解可以作为常规光催化反应过程的补充措施，以延长光催化剂的工作时间。

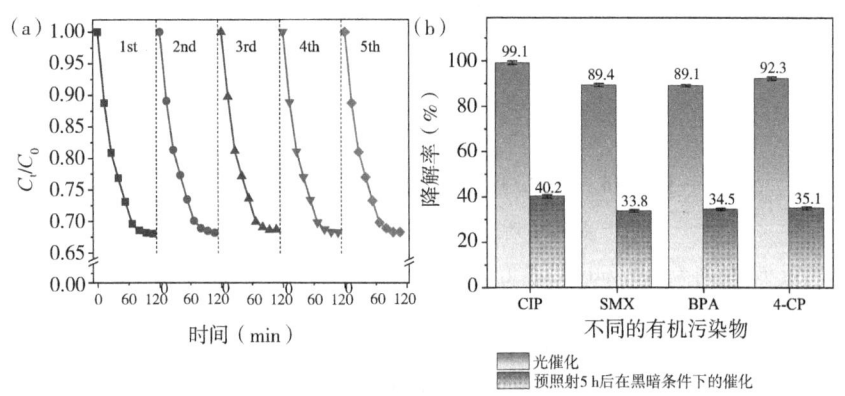

图 3.11 Ti_3C_2/PCN-2/10 催化剂催化降解苯酚的循环稳定性测试（a）和对不同有机污染物的催化降解性能（b）

注：预照射 5 h 后在黑暗条件下所有测试有机污染物的初始浓度为 20 mg·L^{-1}。

3.3.4 Ti₃C₂/PCN 可见光催化记忆效应的机理分析

使用硝酸银对预照射 5 h 后的 Ti_3C_2/PCN 催化剂在黑暗条件下降解苯酚体系中的电子进行捕获,观察其对苯酚去除率的影响,结果如图 3.12 a 所示。可以看到不添加任何捕获剂时,苯酚去除率为 32%;添加硝酸银后,预照射 5 h 的 Ti_3C_2/PCN 催化剂对苯酚的降解率显著降低,表明存储在催化剂中的光生电子对于黑暗条件下降解苯酚起到至关重要的作用。另外,通过电子顺磁共振(EPR)在反应体系中检测到 1:1:1:1:1:1 的 DMPO-·O_2^- 特征信号峰和 1:2:2:1 的 DMPO-·OH 特征峰(图 3.12 b),证明预照射 5 h 后的 Ti_3C_2/PCN 催化剂在黑暗条件下可释放其存储的电子与水溶液中的 O_2 反应生成·O_2^-,而·O_2^- 可以与 H_2O 和 H^+ 反应进一步生成·OH。因而,被可见光预辐照过的 Ti_3C_2/PCN,可通过存储电子的持续释放产生氧化活性物种,即使在关闭光源后的黑暗条件下也可通

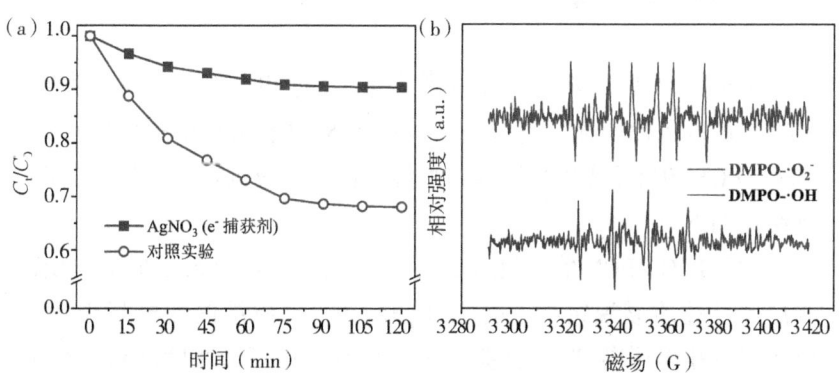

图 3.12 预照射 5 h 的 Ti_3C_2/PCN 催化剂在黑暗中的添加电子捕获剂对苯酚降解的影响(a)和 EPR 测试实验结果(b)

过这种光催化记忆效应的反应原理延长其对污染物降解的工作时间，如图 3.13 所示。

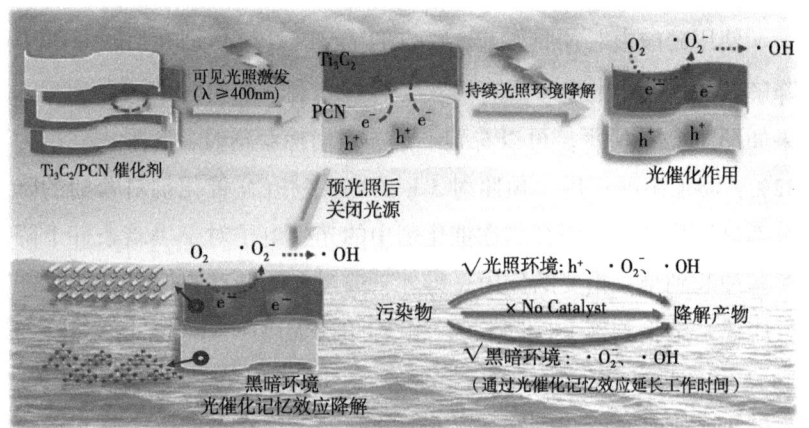

图 3.13 Ti_3C_2/PCN 可见光催化反应和光催化记忆效应反应机理示意

3.4 本章小结

本章采用真空抽滤的方法制备得到 Ti_3C_2/PCN 纳米片复合光催化剂，通过多种表征手段分析 Ti_3C_2/PCN 的形貌和结构特征，对 Ti_3C_2/PCN 的可见光催化活性和光催化记忆效应进行实验探究，得到结论如下。

（1）Ti_3C_2/PCN 催化剂为多孔 $g-C_3N_4$ 纳米片和无孔 Ti_3C_2 纳米片层层堆叠的形貌结构。受 Ti_3C_2 和 PCN 异质结内建电场作用，PCN 的光生电子向 Ti_3C_2 迁移，使 Ti_3C_2 周围电子云密度增高，XPS 高分辨谱图中 Ti-C 和 Ti-O 特征峰相比单独 Ti_3C_2 降低约 0.2 eV。

（2）紫外-可见 DRS 光谱结果表明 Ti_3C_2/PCN 的可见光吸收能力强于 PCN。PL 光谱中 Ti_3C_2/PCN 的荧光峰强度相比 PCN 明显减

3 Ti$_3$C$_2$/PCN可见光催化剂制备和光催化记忆效应降解水中有机污染物研究

弱,说明Ti$_3$C$_2$/PCN的光生载流子复合率较低,具有更优的光生电荷分离能力。Ti$_3$C$_2$/PCN的电荷载流子密度(N_D)为9.63×10^{21} cm^{-3},是单独PCN(N_D=5.41×10^{21} cm^{-3})的1.78倍。Ti$_3$C$_2$/PCN的光电流密度为0.7 μA·cm^{-2},高于单独PCN(0.5 μA·cm^{-2})。

(3)在可见光照条件下,Ti$_3$C$_2$/PCN对水溶液中苯酚的去除率在180 min达到98%,其反应动力学常数为0.022 min^{-1},是单独PCN的4.9倍。Ti$_3$C$_2$/PCN对不同种有机污染物均具有良好的催化降解能力,光催化反应120 min,水溶液中CIP、SMX、BPA和4-CP的去除率分别为99.1%、89.4%、89.1%和92.3%。

(4)预照射5 h的Ti$_3$C$_2$/PCN-2/10催化剂在黑暗环境中催化降解水中苯酚,反应120 min苯酚的去除率为32%。在黑暗环境中进行电子淬灭实验和EPR自由基测试,推测Ti$_3$C$_2$/PCN光催化记忆效应机理为:可见光照射PCN产生光生电子和空穴,部分电子存储在Ti$_3$C$_2$中;在黑暗条件下,存储的电子与水溶液中的O$_2$和H$_2$O小分子反应,生成·O$_2^-$和·OH降解污染物。

4 CoCN可见光催化剂制备和协同PMS反应体系降解水中有机污染物研究

4.1 引言

第 2 章和第 3 章通过精细设计氮化碳基催化剂结构增强光催化降解性能。基于单一光催化反应体系,与高级氧化技术结合,增加反应体系中活性物质种类是提高催化反应效率的有效途径。硫酸根自由基($SO_4^-\cdot$)是近年来备受关注的一种强活性自由基,在处理难降解有机污染物的高级氧化反应中得到应用。$SO_4^-\cdot$通常由过一硫酸盐(PMS)被活化产生,其氧化还原电势为 2.5~3.1 V,高于 $\cdot$OH(1.9~2.7 V);半衰期寿命为 30~40 μs,长于 $\cdot$OH($\approx$1 μs);水处理溶液 pH 适用范围宽。将光催化技术与 PMS 氧化结合,一方面 PMS 作为亲电试剂吸引导带位置的光生电子,提高催化剂中光生载流子分离效率;另一方面在温和条件下产生具有高氧化能力和长寿命的 $SO_4^-\cdot$,提高反应体系的氧化能力和催化降解效率。

目前,已有研究表明过渡金属钴(Co)对 PMS 有良好的活化作用。为了防止金属 Co 颗粒的聚集和提高 Co/PMS 体系中 Co 位点的利用率,将过渡金属 Co 原子固定在合适的载体上是非常必要的。载体需要提供足够的锚定位点和强的金属-载体作用力来确保高分散性和稳定性。MOFs 材料具有孔径可控、孔表面修饰、密度低、比表面积大等独特的性能优势，含 Co 的 MOF 材料作为 Co 的前驱体有利于提高 Co 在催化剂中的分散性。$g-C_3N_4$ 中富含 N 与 C 原子相连的石墨相 π 共轭结构，有利于 $Co-Nx$ 配位模式的形成，为锚定 Co 原子提供了合适的平台。在可见光下，$g-C_3N_4$ 被激发产生的光生电子促进 Co^{3+} 到 Co^{2+} 的循环，进而加速 $SO_4^-\cdot$ 自由基的形成，提高对有机污染物的降解速率。

基于以上分析，本实验设计了高分散 Co 位点掺杂氮化碳光催化剂（CoCN），采用可见光诱导 CoCN 催化 PMS 活化，研究 CoCN/Vis/PMS 体系降解水中有机污染物的性能。通过钴基沸石咪唑盐骨架材料（ZIF-67）和三聚氰胺的一步热解制备 CoCN 催化剂。以水溶液中双酚 A（BPA）为目标污染物，研究 CoCN/Vis/PMS 体系对有机污染物的催化降解性能；分析不同的 Co 掺杂量、催化剂用量、PMS 浓度、溶液 pH 值和水体中的几种典型阴离子（如 Cl^-、NO_3^-、PO_4^{3-} 和 HCO_3^-）对 BPA 降解的影响；考察 CoCN/Vis/PMS 体系对其他几种有机污染物如 4-CP、SMX 和 CIP 的降解效率和矿化程度。结合降解实验、自由基测试和对催化剂的结构与性能表征，推测在 CoCN/Vis/PMS 体系中降解有机污染物可能的反应机理。

4.2 实验部分

4.2.1 实验材料和仪器

在第 2 章 2.2.1 节和第 3 章 3.2.1 节基础上，本章用到的实验材料和仪器补充如下。

六水硝酸钴［$Co(NO_3)_2\cdot6H_2O$］，分析纯，天津光复试剂有限公司

2-甲基咪唑（$C_4H_6N_2$），分析纯，天津光复试剂有限公司
盐酸（HCl），分析纯，国药集团化学试剂有限公司
草酸铵［$(NH_4)_2C_2O_4$］，分析纯，天津光复试剂有限公司
碘化钾（KI），分析纯，天津光复试剂有限公司
氯化钠（NaCl），分析纯，天津光复试剂有限公司
碳酸氢钠（$NaHCO_3$），分析纯，天津光复试剂有限公司
硝酸钠（$NaNO_3$），分析纯，天津光复试剂有限公司
磷酸三钠（Na_3PO_4），分析纯，天津光复试剂有限公司
过一硫酸盐（PMS），活性成分≥47%，天津光复试剂有限公司
硝酸银（$AgNO_3$），分析纯，阿拉丁化学技术有限公司
L-组氨酸（$C_6H_9N_3O_2$），分析纯，阿拉丁化学技术有限公司
2,2,6,6-四甲基哌啶［TEMP，$C_9H_{19}N$］，分析纯，阿拉丁化学技术有限公司
氙灯光源，PLS-SXE300，中国北京泊菲莱有限公司
电化学工作站，PARSTAT 2273，美国普林斯顿公司
总有机碳分析仪，MultiN/C 2100S，德国耶拿公司

4.2.2 CoCN 催化剂的制备

(1) ZIF-67 的制备

前驱体 ZIF-67 是在先前报道方法[193,194]基础上进行一定改进后合成的。首先，配置 A 溶液和 B 溶液，其中，A 溶液为在 30 mL 的无水甲醇中溶解 0.87 g 的 $Co(NO_3)_2 \cdot 6H_2O$，B 溶液为在 30 mL 的无水甲醇中溶解 0.99 g 的 2-甲基咪唑。将 B 溶液快速倒入 A 溶液中，搅拌均匀后在室温下静置 24 h，进行数次离心洗涤和冷冻干燥后得到呈现紫色的粉末便是 ZIF-67 样品（数码照片如图 4.1 a 所示）。ZIF-67 在微观状态下表现为约 500 nm 大小的规则十二面体形状，其 SEM 和 XRD 如图 4.1 b 和 c 所示。

4 CoCN可见光催化剂制备和协同PMS反应体系降解水中有机污染物研究

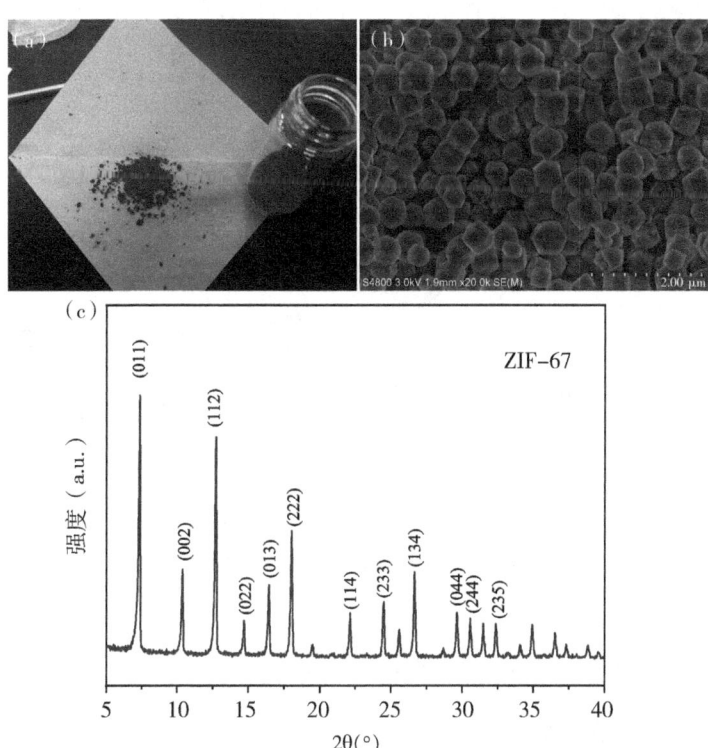

图4.1 所制备ZIF-67的数码照片（a）、SEM图（b）和XRD图（c）

(2) CoCN催化剂的制备

分别称取0.05 g、0.1 g、0.2 g、0.4 g和0.6 g的ZIF-67粉末（Co源前驱体）与1 g的三聚氰胺（g-C_3N_4的前驱体）进行混合，在研钵中仔细研磨均匀。将上述前驱体混合粉末放入管式炉中，在氮气气氛中煅烧，以5 ℃·min^{-1}的升温速率加热到600 ℃并保持5 h。自然冷却至室温后，将粉末取出进行研磨，所得样品分别记为$CoCN_{-0.05z1m}$、$CoCN_{-0.1z1m}$、$CoCN_{-0.2z1m}$、$CoCN_{-0.4z1m}$和$CoCN_{-0.6z1m}$，具体的制备过程示意如图4.2所示。作为对照，在相同条件下分别单独煅烧 ZIF-67 和三聚氰胺，所得的对比样品分别记为 CoCN$_{-1z0m}$ 和 g-C$_3$N$_4$。

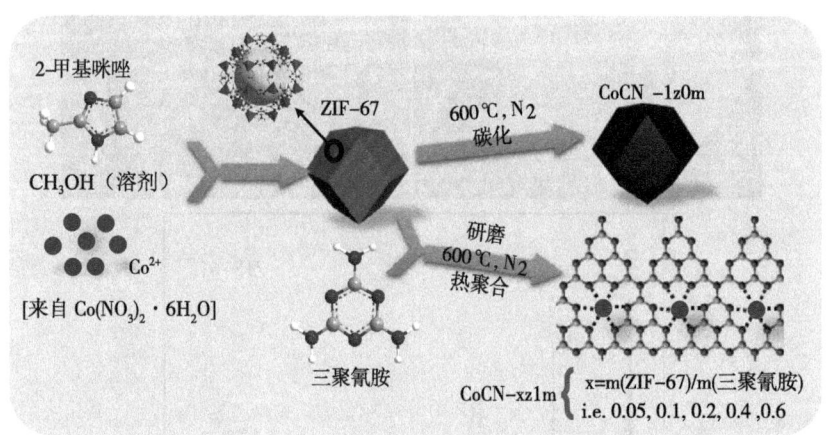

图 4.2 CoCN 催化剂的制备过程示意

4.2.3 CoCN 催化剂的表征

（1）形貌表征

采用场发射扫描电子显微镜（SEM）和高分辨率透射电子显微镜（TEM）对 CoCN 催化剂的形貌结构进行观察。

（2）物理吸附性能表征

采用物理吸附分析仪在 -196 ℃下测定氮气吸附-脱附等温线，通过 BET 方法分析催化剂的比表面积，通过 BJH 方法分析催化剂的孔径分布。

（3）组成和结构分析

用 SEM 关联的能谱仪（EDS）分析元素质量比和元素映射分布。采用粉末 X 射线衍射仪（XRD）在 Cu Kα X 射线源下进行晶体结构分析，其中扫描速度为 $4°\cdot\text{min}^{-1}$，扫描角度为 5°~80°，加速度电压为 45 kV，外加电流为 200 mA。以 KBr 作为参考样品，采用傅里叶变换红外光谱仪（FT-IR）检测表面官能团。使用 X 射线光电子能谱仪（XPS）分析表面元素的状态，该光电子能谱仪配备非单色 Al Kα X 射线源（1486.6 eV）。

(4) 光吸收性能分析

使用紫外-可见漫反射光谱（DRS）分析催化剂在 190~800 nm 的光吸收能力，以 $BaSO_4$ 粉末作为参考。

(5) 电化学阻抗测试

在电化学工作站上使用标准三电极体系对催化剂的电化学交流阻抗谱（EIS）进行测试。分别以涂覆催化剂的"L"形玻碳电极作为工作电极，以铂（Pt）片作为对电极，以饱和甘汞电极（SCE）作为参比电极，以 0.1 M Na_2SO_4 水溶液为电解质，在室温条件下进行测试，频率范围设置为 0.1~2 000 Hz。

(6) 自由基测试

采用电子顺磁共振波谱法（EPR）测定各种自由基的存在，其中 DMPO 可作为 $SO_4^-\cdot$、$\cdot OH$ 和 $\cdot O_2^-$ 的捕获剂，TEMP 可作为 $^1O_2$ 的捕获剂。以 50 mM 的 DMPO 水溶液测试 $SO_4^-\cdot$ 和 $\cdot OH$，以 50 mM 的 DMPO 甲醇溶液测试 $\cdot O_2^-$，以 50 mM 的 TEMP 水溶液测试 $^1O_2$。

4.2.4 CoCN/Vis/PMS 体系的催化降解实验和分析方法

双酚 A（BPA）是环氧树脂加工过程中不可缺少的稳定剂，在国内外塑料制品中得到了广泛的应用，例如食品包装、饮水机、奶瓶等生活常见日用品，随着生产和使用过程 BPA 被排放到环境中，已有大量报道在地表水、沉积物等环境中检测到 BPA 的存在。BPA 具有内分泌干扰作用和致癌作用，其环境暴露直接影响到人类和动物等生物体的生殖和发育，研究快速高效的 BPA 去除方法具有重要的环境意义。

在本实验中以 BPA 为目标污染物，对 CoCN/Vis/PMS 体系的催化降解能力进行分析。具体操作流程为：将 10 mg 催化剂分散在 50 mL BPA 溶液中（初始浓度 C_0 = 20 mg·L^{-1}），在黑暗条件下搅拌以达到吸附-解吸平衡，随后通过投加 PMS 并同时打开氙灯（λ>400 nm）来开启催化反应。在反应过程中，每隔设定好的时间间隔取出 1 mL 液体样品并通过 0.22 μm 过滤器进行过滤。样品中 BPA 的浓度通过高效液相色谱（HPLC）法进行测定，HPLC 配备 C-18 色谱柱（250 mm×4.6 mm，5 μ）和 PDA 检测器，流动相为 30% 甲醇和 70% 超纯水，流速 1 mL·min^{-1}，检测波长 270 nm。样品的总有机碳（TOC）去除率通过 TOC 分析仪进行测量。

实验过程中的 PMS 浓度变化采用 KI 比色法[195]进行测定。首先配制 10 mM KI 储备液，称取 0.166 g KI 和 0.04 g NaHCO$_3$ 药品溶解于高纯水中并定容至 100 mL；测试时取 0.1 mL 待测样品添加 4.9 mL KI 储备液混合均匀，反应 5 min 后使用紫外可见分光光度计进行检测，检测波长为 352 nm。

4.3 结果与讨论

4.3.1 CoCN 催化剂的形貌和结构分析

使用扫描电子显微镜（SEM）和透射电子显微镜（TEM）对 CoCN 等催化剂的局部形态和微观结构进行测试。图 4.3 a 和 b 分别为 CoCN$_{-0.4z1m}$ 催化剂的 SEM 和 TEM 图像。图 4.4 a-e 依次为 g-C$_3$N$_4$、CoCN$_{-0.05z1m}$、CoCN$_{-0.1z1m}$、CoCN$_{-0.2z1m}$ 和 CoCN$_{-0.6z1m}$ 催化剂的 SEM

4 CoCN 可见光催化剂制备和协同 PMS 反应体系降解水中有机污染物研究

图。结合 SEM 图和表 4.1 中提供的不同 CoCN 催化剂的 BET 比表面积、BJH 孔体积以及元素质量比进行分析可以发现,与单独 g-C_3N_4 相比,CoCN 催化剂随着前驱体中 ZIF-67 添加量的增多,其 Co 含量越来来越多;受 ZIF-67 前驱体骨架的影响,催化剂中的孔结构也更加丰富,BET 比表面积和 BJH 孔体积数量都逐渐增高。较大的比表面积将有助于为非均相催化反应过程提供更多的反应位点,更多的孔结构则可以通过促进反应物传质扩散从而提高催化反应动力学速率。此外,从 EDS 元素映射图(图 4.3 c)中可以看到 $CoCN_{-0.4z1m}$ 催化剂中 C、N、O 和 Co 元素的存在和均匀分布,其中 Co 元素含量质量分数为 16.9%。

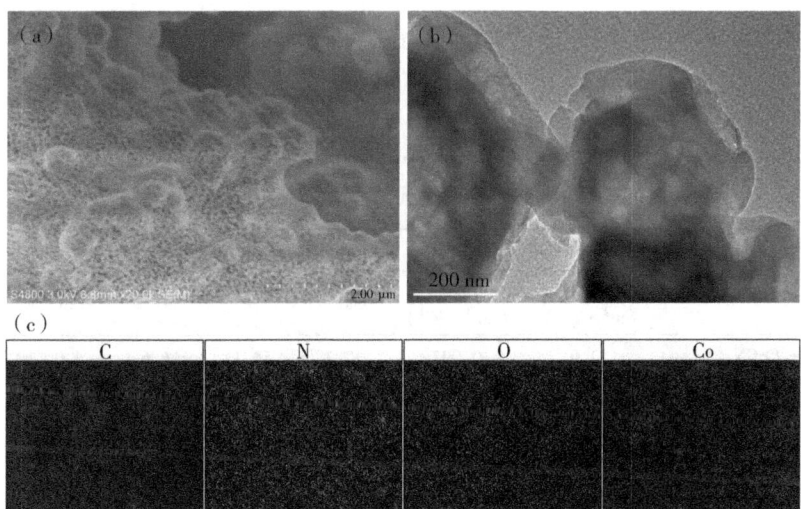

图 4.3　$CoCN_{-0.4z1m}$ 催化剂的 SEM 图(a)、TEM 图(b)和 EDS 元素映射图(c)

图 4.4 g-C_3N_4 (a)、CoCN$_{-0.05z1m}$ (b)、CoCN$_{-0.1z1m}$ (c)、CoCN$_{-0.2z1m}$ (d)、CoCN$_{-0.6z1m}$ (e) 和 CoCN$_{-1z0m}$ (f) 催化剂的 SEM 图

表 4.1 不同 CoCN 催化剂的 BET 比表面积、BJH 孔体积对比和 EDS 测得的元素质量分数 单位:%

催化剂	N_2物理吸附结果分析		wt.% (EDS)			
	比表面积 ($m^2 \cdot g^{-1}$)	孔体积 ($cm^3 \cdot g^{-1}$)	C	N	O	Co
CoCN$_{-0.05z1m}$	12.0	0.093	30.3	54.1	11.6	4.00
CoCN$_{-0.1z1m}$	14.8	0.11	31.4	57.0	5.62	6.06
CoCN$_{-0.2z1m}$	23.8	0.18	29.1	52.5	7.66	10.7
CoCN$_{-0.4z1m}$	32.7	0.25	28.1	48.1	6.93	16.9
CoCN$_{-0.6z1m}$	50.8	0.35	26.8	47.1	6.70	23.4

使用 XRD 表征分析催化剂的晶体结构特征。图 4.5 a 为 CoCN$_{-1z0m}$（单独 ZIF-67 煅烧产物）的 XRD 特征峰，可以看到归属于碳的（002）晶面以及金属钴的（111）和（200）晶面，钴的峰

4 CoCN 可见光催化剂制备和协同 PMS 反应体系降解水中有机污染物研究

很尖锐说明催化剂中 Co 结晶度较高,是以聚集的颗粒形式存在的。图 4.5 b 为 $g-C_3N_4$ 和不同 Co 含量的 CoCN 催化剂的 XRD 图。对于单独 $g-C_3N_4$,27.4°处的强峰归属于共轭芳香环堆积的(002)特征峰,13.0°处的小峰归属于面内重复三嗪单元的(100)特征峰。对于 CoCN 催化剂,在前驱体中 ZIF-67 所占比例较低的 $CoCN_{-0.05z1m}$ 和 $CoCN_{-0.05z1m}$ 中可以清楚地看到 $g-C_3N_4$ 的主要特征峰;而随着前驱体中 ZIF-67 比例增大,CoCN 催化剂中 $g-C_3N_4$ 特性减弱,表明其原始的石墨化有序共轭结构的结晶性下降。另外,在同时含有 ZIF-67 和三聚氰胺前驱体的 CoCN 催化剂的 XRD 图中未观察到钴颗粒或钴氧化物的特征峰,这表明 Co 元素以高度分散的原子形式掺杂在 CN 结构中,这将有利于提高钴原子的利用率,并且促进 CN 结构和 Co 原子之间的局部电荷转移。

在图 4.5 c 中给出了 $g-C_3N_4$ 和不同前驱体比例的 CoCN 催化剂的 FTIR 谱图,用于分析催化剂的化学官能团结构变化。其中 $g-C_3N_4$ 在 3 000~3 500 cm^{-1} 的宽峰归属于氨基($-NHx$)的拉伸振动,1 200~1 700 cm^{-1} 的吸收带归属于 $C-N/C=N$ 杂环的伸缩振动模式特征峰,800 cm^{-1} 附近的谱带归因于庚嗪环的整体振动模式。对于 CoCN 催化剂,可以清楚地看到归属于 $g-C_3N_4$ 的主要官能团结构特征峰。其中 CoCN 在 1 200~1 700 cm^{-1} 的吸收带向高波数方向移动,可能是由于 CN 杂环向 Co 原子的电子转移,从而降低了 $C-N/C=N$ 的振动强度。随着 Co 含量的增加,在 808 cm^{-1} 附近的庚嗪环振动模式保持不变,但是在 1 200~1 700 cm^{-1} 的 $C-N/C=N$ 杂环特征峰的数量减少,另外在 2 000~2 300 cm^{-1} 的出现新的归属于氰基($-C\equiv N$)的特征峰,并且强度逐渐增加。这些变化表明,CoCN 中的 Co 原子与 CN 杂环之间存在较强的相互作用,这可能有利于光催化反应过程中的光生电荷转移。

为了进一步研究 CoCN 催化剂表面元素所处的化学状态,对催

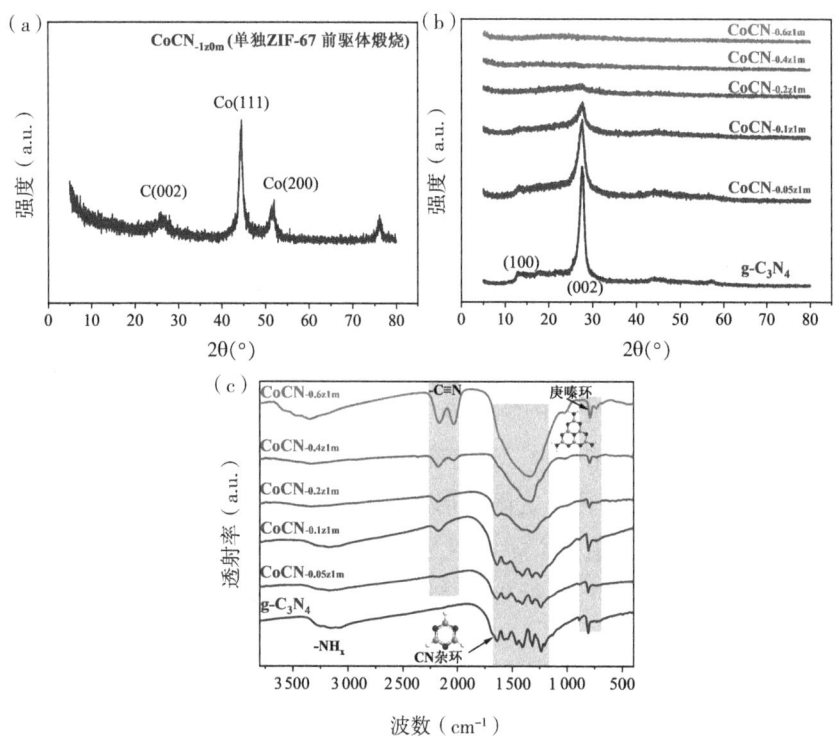

图 4.5 CoCN 催化剂的 XRD 图 (a-b) 和 FT-IR 谱图 (c)

化剂进行了 XPS 分析。如图 4.6a 所示,$g-C_3N_4$ 的 XPS 中存在 C 元素、N 元素和较弱的 O 元素特征峰,在 $CoCN_{-0.4z1m}$ 中,除了 C 元素、N 元素和 O 元素外还观察到 Co 元素的峰。图 4.6b 显示了 C 1s 的高分辨 XPS 图,在 $g-C_3N_4$ 和 $CoCN_{-0.4z1m}$ 催化剂中观察到结合能位于 284.6 eV 附近的特征峰归属于石墨相碳(C-C/C=C),位于 287.9 eV 附近的峰归属于三-s-三嗪环中的 sp^2 杂化碳(N-C=N)。其中,$CoCN_{-0.4z1m}$ 中 N-C=N 键的特征峰与 $g-C_3N_4$ 相比向低结合能方向偏移,且强度减弱,这可能是由于 Co 原子插入 CN 结构

4 CoCN 可见光催化剂制备和协同 PMS 反应体系降解水中有机污染物研究

中造成的影响。图 4.6 c 为 N 1s 的高分辨 XPS 图，$g-C_3N_4$ 在 398.6 eV 处的峰对应于 sp^2 氮（C-N=C），在 400.0 eV 处的峰对应于叔氮 [N-(C)$_3$]，在 401.1 eV 处的峰归属于氨基氮（-NH$_2$）。$CoCN_{0.1n1m}$ 催化剂的 N 1s 光谱也具有 sp^2 杂化氮（C-N=C）和叔氮 [N-(C)$_3$] 的特征峰且其结合能增加，但 -NH$_2$ 特征峰几乎消失，表明 Co 原子的加入使催化剂中 N 的化学环境发生变化。图 4.6 d 中在 533.4 eV 和 531.8 eV 附近的 O 1s 峰分别对应于 C-O 和 C=O，在几个催化剂中其变化都不大，说明催化剂中的氧元素主要是由于表面吸附引入的。图 4.6 e 为 Co 2p 的高分辨 XPS 图，在 777.6 eV 和 780.7 eV 的结合能处出现的 Co $2p^{3/2}$ 峰可分别归属于 Co^0 和 N 配位的 Co（Co-Nx）。对于 $CoCN_{-0.4z1m}$ 催化剂，Co 元素以 Co-Nx 键的形式存在，这将大大促进光生电子从 N 原子迁移到 Co 原子，从而加速光辐照下通过电子转移活化 PMS 产生硫酸根自由基的反应过程。

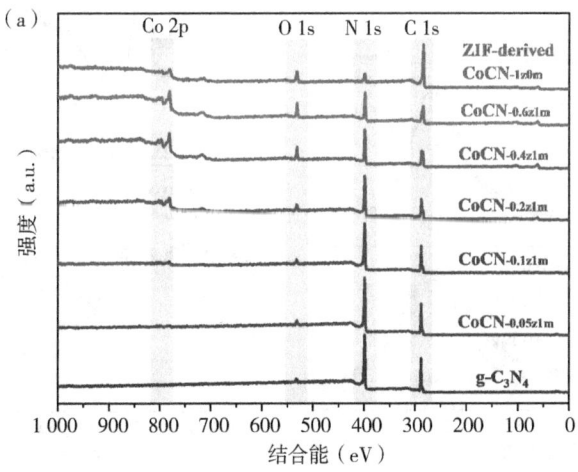

图 4.6 CoCN 催化剂的 XPS 总谱（a）以及 C 1s（b）、N 1s（c）、O 1s（d）和 Co 2p（e）的高分辨 XPS 谱

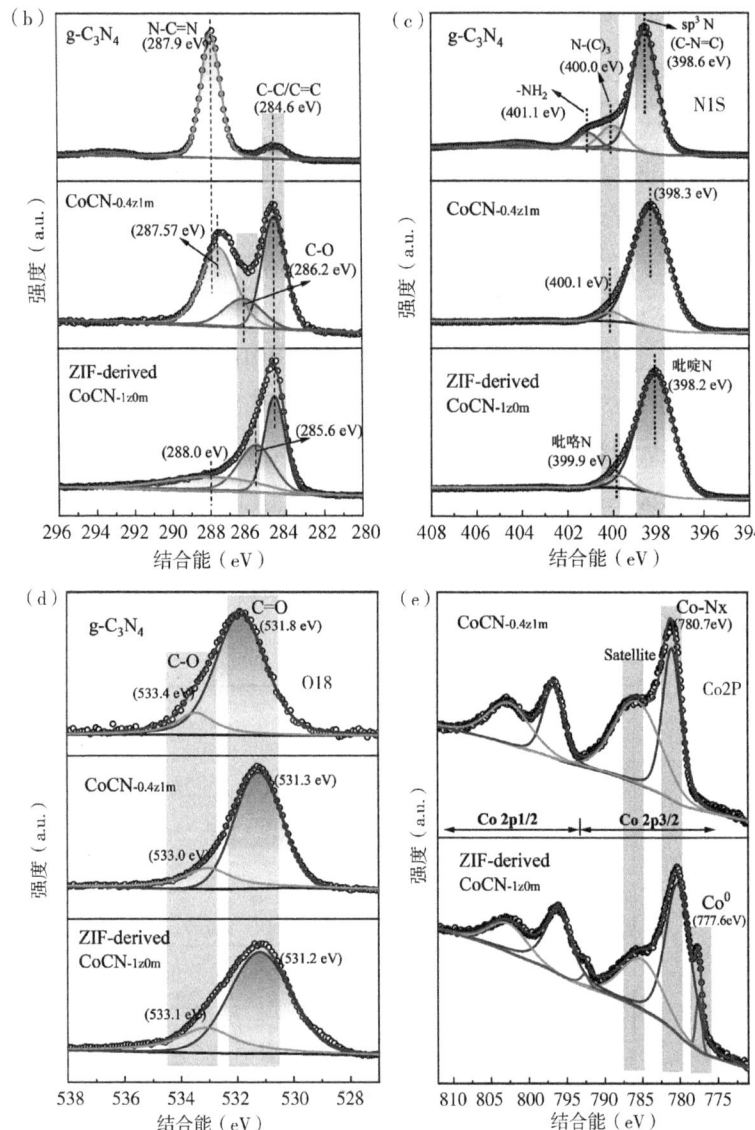

图 4.6 CoCN 催化剂的 XPS 总谱（a）以及 C 1s（b）、N 1s（c）、O 1s（d）和 Co 2p（e）的高分辨 XPS 谱（续）

4.3.2 CoCN 催化剂的光学和电学性质分析

采用 DRS 对 $g-C_3N_4$ 和 CoCN 催化剂的光学性能进行了表征。由图 4.7 a 可以看出,$g-C_3N_4$ 在紫外光到可见光区都表现出一定的光吸收能力,CoCN 催化剂的可见光吸收能力随着在 CN 结构中 Co 掺杂量的增加而增加,并且在 600 nm 附近出现新的吸收带,这可以归因于通过 $Co-Nx$ 键进行的 N 原子→Co 原子的电子跃迁。图 4.7 b 为有光照和无光照条件下的电化学交流阻抗谱图,用于分析 CoCN 催化剂在不同条件下的电荷转移性能。显然,$CoCN_{-0.4z1m}$ 催化剂在半圆形 Nyquist 图中具有较小的直径,也就是说,与 $g-C_3N_4$ 相比,$CoCN_{-0.4z1m}$ 的电化学阻抗值较低。使用 Z-view 软件中简化的等

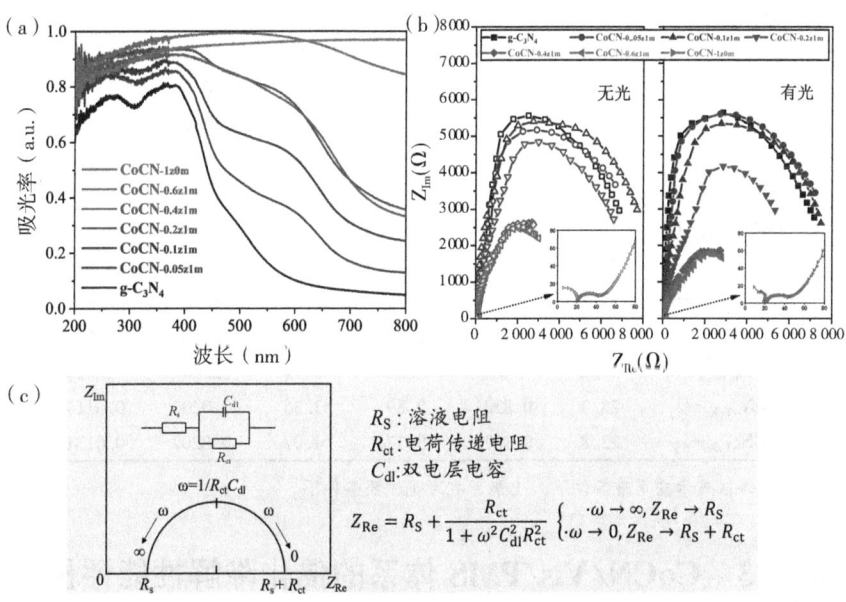

图 4.7 CoCN 催化剂的紫外-可见 DRS 谱图 (a)、
在无光和有光条件下测试的电化学阻抗图 (b) 和简化的等效电路图 (c)

效电路（图 4.7 c）对 Nyquist 图进行拟合，表 4.2 中示出了不同催化剂的拟合结果，其中，R_{ct} 为体现催化剂电荷转移性能的关键参数。对于 $CoCN_{-0.4z1m}$，在黑暗中 R_{CT} 的拟合值为 3.88 kΩ，在可见光下的 R_{ct} 拟合值为 3.05 kΩ，小于对应条件下 $g-C_3N_4$ 的拟合结果（黑暗条件 9.25 kΩ 和光照条件 9.56 kΩ），表明 $CoCN_{-0.4z1m}$ 催化剂的界面电荷转移阻力小得多。以上结果表明，Co 原子与 CN 结构之间的强相互作用可以有效促进电荷转移，并且在光照辅助的条件下可以进一步增加电荷产生和传输从而用于增强催化剂表面的氧化还原反应。

表 4.2 使用 Z-view 软件对不同催化剂进行等效电路拟合的结果

催化剂	R_s	Error$_{Rs}$	C_{dl} (·10^{-5})	Error$_{Cdl}$ (·10^{-6})	R_{ct} (·10^3)	Error$_{Rct}$ (·10^2)
$g-C_3N_4-D$	30.8	2.77	2.61	1.42	9.25	9.34
$g-C_3N_4-L$	27.4	0.765	2.11	0.653	9.56	5.41
$CoCN_{-0.05z1m}-D$	31.8	3.92	3.62	2.94	8.25	12.0
$CoCN_{-0.05z1m}-L$	26.0	2.63	2.20	1.22	10.3	11.2
$CoCN_{-0.1z1m}-D$	26.1	2.40	1.73	0.821	10.0	8.59
$CoCN_{-0.1z1m}-L$	25.8	2.22	1.95	0.895	9.37	7.72
$CoCN_{-0.2z1m}-D$	26.3	2.99	2.16	1.39	7.50	8.15
$CoCN_{-0.2z1m}-L$	26.2	3.42	2.83	2.26	5.88	7.73
$CoCN_{-0.4z1m}-D$	26.3	3.59	2.73	2.35	3.88	5.09
$CoCN_{-0.4z1m}-L$	25.5	2.87	2.60	1.83	3.05	2.87
$CoCN_{-0.6z1m}-D$	33.4	4.02	2.66	2.17	3.86	4.63
$CoCN_{-0.6z1m}-L$	37.2	4.81	3.82	3.91	2.44	3.01
$CoCN_{-1z0m}-D$	23.7	0.833	2.89	3.36	0.0200	0.0114
$CoCN_{-1z0m}-L$	23.8	0.907	3.17	4.07	0.0202	0.0131

注：-D 表示在黑暗条件下，-L 表示在可见光照条件下。

4.3.3 CoCN/Vis/PMS 体系的催化降解性能评价

本部分实验以双酚 A（BPA）为目标污染物来分析 CoCN/Vis/PMS 体系的催化降解性能，研究了有无光照、催化剂剂量和 PMS

4 CoCN可见光催化剂制备和协同PMS反应体系降解水中有机污染物研究

浓度等因素对BPA去除率的影响。图4.8 a、d分别为无光照和有光照条件下催化活化PMS降解BPA的实验结果。

在黑暗环境投加PMS的反应条件下（图4.8 a），发现g-C_3N_4对BPA的降解作用很弱，BPA浓度随时间变化的曲线在吸附平衡后就趋于平缓，表明g-C_3N_4对PMS的活化能力较弱。同样的反应条件下利用CoCN催化剂对BPA进行降解，发现随着催化剂中含Co原子比例的增加，BPA去除效率也逐渐增加，反应20 min后，$CoCN_{-0.05z1m}$、$CoCN_{-0.1z1m}$和$CoCN_{-0.2z1m}$催化剂对BPA的降解率分别为27.5%、49.9%和91.4%；而$CoCN_{-0.4z1m}$、$CoCN_{-0.6z1m}$和$CoCN_{-1z0m}$催化剂对BPA的降解效率在反应20 min后均已达到100%。图4.8 b和c给出了黑暗环境下各催化剂活化PMS降解BPA的拟一级动力学模拟曲线和相应的反应动力学速率常数，观察到$CoCN_{-0.05z1m}$、$CoCN_{-0.1z1m}$、$CoCN_{-0.2z1m}$、$CoCN_{-0.4z1m}$、$CoCN_{-0.6z1m}$和$CoCN_{-1z0m}$的速率常数k分别为0.00897 min^{-1}、0.0205 min^{-1}、0.0788 min^{-1}、0.329 min^{-1}、0.269 min^{-1}和0.294 min^{-1}。

当投加PMS的同时使用可见光照射时（图4.8 d），发现g-C_3N_4和所有CoCN样品对BPA的降解效率相比无光照时都有所提高。反应30 min后，g-C_3N_4、$CoCN_{-0.05z1m}$、$CoCN_{-0.1z1m}$和$CoCN_{-0.2z1m}$催化剂对BPA的降解率分别提高到10.5%、60.1%、93.1%和100%。特别是$CoCN_{-0.4z1m}$催化剂，反应2 min后，对BPA的降解率就可以达到100%，其拟一级反应动力学速率常数k高达1.84 min^{-1}，是无可见光照射条件下催化反应的5.58倍（图4.8 e-f）。相比之下，$CoCN_{-0.6z1m}$和$CoCN_{-1z0m}$催化剂虽然在无光照条件时也具有较好的催化效果，但被光照提升反应速率的幅度比较低，分别是无光照条件时反应动力学速率的1.47倍和1.03倍。由此可见，用于光辅助催化活化PMS降解BPA的最优催化剂为$CoCN_{-0.4z1m}$，因其具有合适的Co原子掺

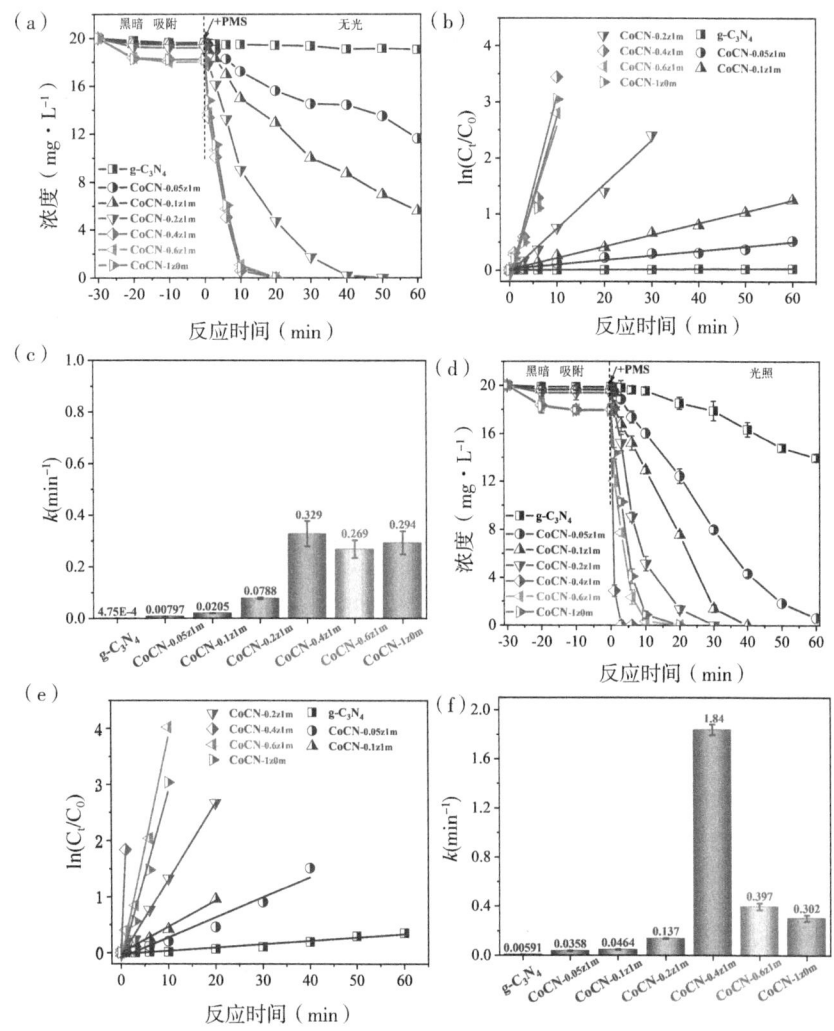

图4.8 不同催化剂在（a-c）Cat./PMS体系和（d-f）Cat./Vis/PMS体系中对BPA降解效果的影响

注：反应条件为 C_0(BPA) = 20 mg·L^{-1}，pH = 7.0，C(PMS) = 0.2 g·L^{-1}，室温。

杂比例同时保持了部分 g-C_3N_4 的光催化活性。

图 4.9（a-b）为 $CoCN_{-0.4z1m}$ 催化剂投加量对 BPA 降解过程的影响。随着催化剂投加剂量的增加，对 BPA 的降解速率逐渐加快，投加量为 0.05 g·L^{-1}、0.1 g·L^{-1} 和 0.2 g·L^{-1} 的催化剂使 BPA 降解率达到 100% 所需的反应时间可以从 20 min 分别缩短至 10 min 和 3 min，反应动力学常数由 0.23 min^{-1} 分别提高到 0.50 min^{-1} 和 1.84 min^{-1}。当催化剂的投加量进一步增加至 0.3 g·L^{-1} 时，也可以在 3 min 内实现 100% 的 BPA 去除，提升幅度变缓，反应速率为 2.25 min^{-1}。其原因在于，随着投加量的增加，催化剂与 PMS 和 BPA 的接触面积增大，有利于提高催化反应效率。然而，当投加量超过 0.2 g·L^{-1} 时，溶液浊度增加且更多的催化剂表面被相互覆盖，使得光能利用率和表面反应位点暴露率下降，造成催化效果难以继续提高。

图 4.9（c-d）反映了 PMS 浓度对 BPA 降解过程的影响。当 PMS 浓度为 0.05 g·L^{-1} 时，反应 10 min 后 BPA 的降解曲线变得平缓，到 20 min 时 BPA 降解率为 91.4%。随着 PMS 浓度的增加，BPA 的降解效率逐渐提高，添加 0.1 g·L^{-1} 的 PMS 可以使 BPA 的降解率在 10 min 内达到 100%，添加 0.2 g·L^{-1} 和 0.4 g·L^{-1} 的 PMS 可以使 BPA 完全降解的时间缩短至 3 min。投加 0.05 g·L^{-1}、0.1 g·L^{-1}、0.2 g·L^{-1} 和 0.4 g·L^{-1} 的 PMS 时，BPA 降解的反应动力学常数分别为 0.29 min^{-1}、0.84 min^{-1}、1.84 min^{-1} 和 2.12 min^{-1}，可以看到反应速率的提高幅度逐渐变缓，呈现出由翻倍增加到平稳增加的规律。其原因是 PMS 浓度的增加将使更多的 PMS 分子附着在 $CoCN_{-0.4z1m}$ 的活性位点上，从而加速自由基的产生。然而，在催化剂表面被附着饱和后，继续增加的 PMS 分子被活化的几率就有所下降，因此不能再快速提高 BPA 降解效率。

溶液初始 pH 值是高级氧化反应过程中的重要参数之一，图 4.10（a-b）考察了 $CoCN_{-0.4z1m}$ 催化剂在不同初始 pH 值下对 BPA 的降解能

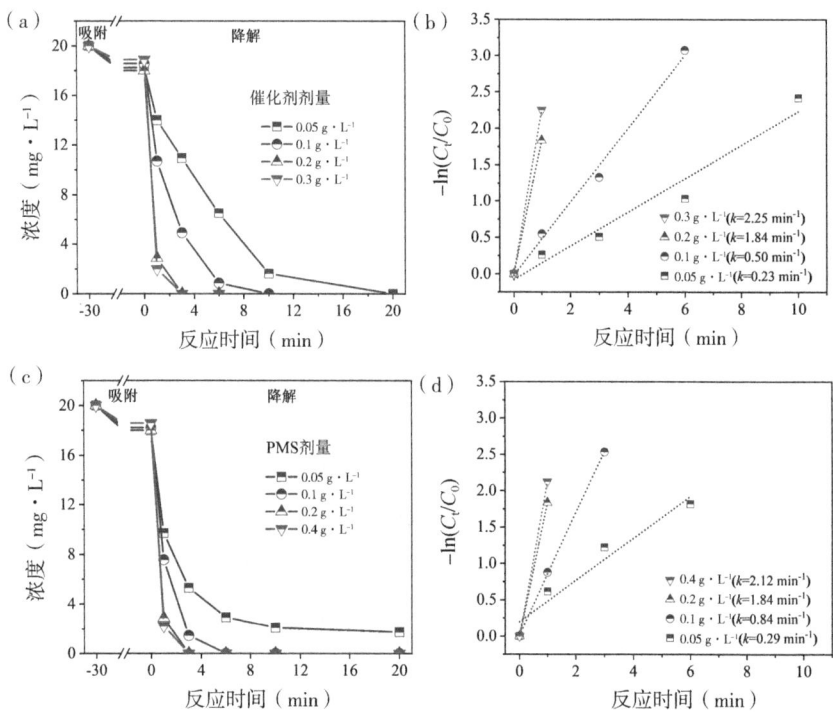

图 4.9 催化剂投加量（a-b）和 PMS 初始浓度（c-d）对 BPA 降解的影响

力。发现在中性条件（pH=7）下 $CoCN_{-0.4z1m}$ 催化剂对 BPA 的降解效率最高，3 min 内 BPA 的降解率达到 100%，反应动力学常数为 1.84 min^{-1}。碱性环境（pH=9）对 BPA 的降解影响不大，降解曲线趋势与中性环境类似，也在 3 min 内完成对 BPA 的全部降解，反应动力学常数为 1.82 min^{-1}。酸性环境（pH=5 和 pH=3）时，反应动力学常数分别为 0.89 min^{-1} 和 0.63 min^{-1}，与中性条件相比其降解速率变慢，但也可以在 6 min 内使 BPA 的降解率达到 100%。总的来说，溶液 pH 值在 3~9 的范围内对 CoCN/Vis/PMS 体系催化降解 BPA 的影响比较小，均表现出良好的 BPA 去除能力。此外，分析了水基质中的无机盐

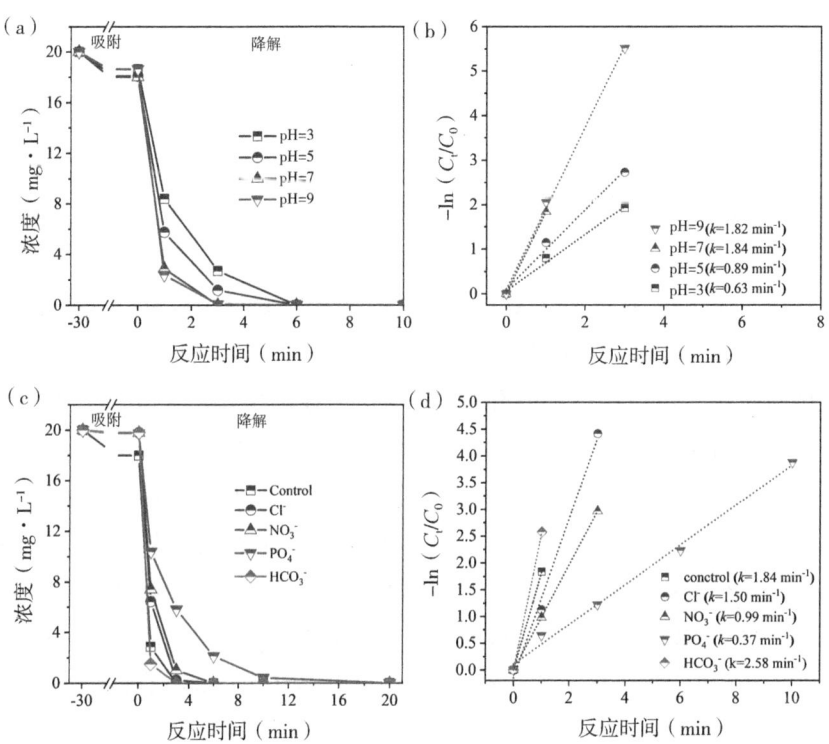

图 4.10 溶液 pH 值（a-b）和添加不同阴离子（c-d）对 BPA 降解的影响

离子（如 Cl^-、NO_3^-、PO_4^{3-} 和 HCO_3^-）对 $CoCN_{-0.4z1m}$ 催化剂光辅助活化 PMS 降解 BPA 过程的影响，结果如图 4.10（c-d）所示。在这些阴离子的作用下，虽然催化反应过程受到不同程度的影响，但都可以在 10 min 内使 BPA 的降解率达到 100%。以上实验表明 $CoCN_{-0.4z1m}$ 催化剂对外在环境的复杂因素具有一定的抗干扰能力。

4.3.4 CoCN/Vis/PMS 体系中催化剂的普适性和稳定性测试

催化剂的普适性、稳定性和可重复使用性对于其实际应用至关重要。图4.11 a 显示了几种典型有机污染物（BPA、4-CP、SMX 和 CIP）的结构图。$CoCN_{-0.4z1m}$ 催化剂光辅助活化 PMS 反应体系在降解这些污染物的过程中都表现出很好的去除效果，反应 10 min 后对 BPA、4-CP、SMX 和 CIP 的去除率都达到 100%（图4.11 b），反应 90 min 后 TOC 去除率分别达到 88.8%、88.8%、66.4% 和 34.6%（图4.11 c）。如表 4.3 总结所示，$CoCN_{-0.4z1m}$ 在可见光照下活化 PMS 降解有机污染物的性能在近年来报道的类芬顿反应体系中处于领先水平。上述结果表明本研究中 CoCN/Vis/PMS 反应体系的普适性。对使用过的催化剂进行回收，通过数次循环降解 BPA 的实验分析其稳定性和可重复使用性能，结果如图4.11 d 所示。可以看到，经过 6 次循环后，$CoCN_{-0.4z1m}$ 对 BPA 的催化降解效率仍然保持较高的水平，均可以在 10 min 内实现对 BPA 的全部去除，这表明本研究中 CoCN 催化剂性能稳定，具有良好的可重复使用性能。使用 XPS 光谱对反应前和反应后的 $CoCN_{-0.4z1m}$ 催化剂进行分析（如图4.11 e 所示），各元素特征峰的结合能位置和相对强度均没

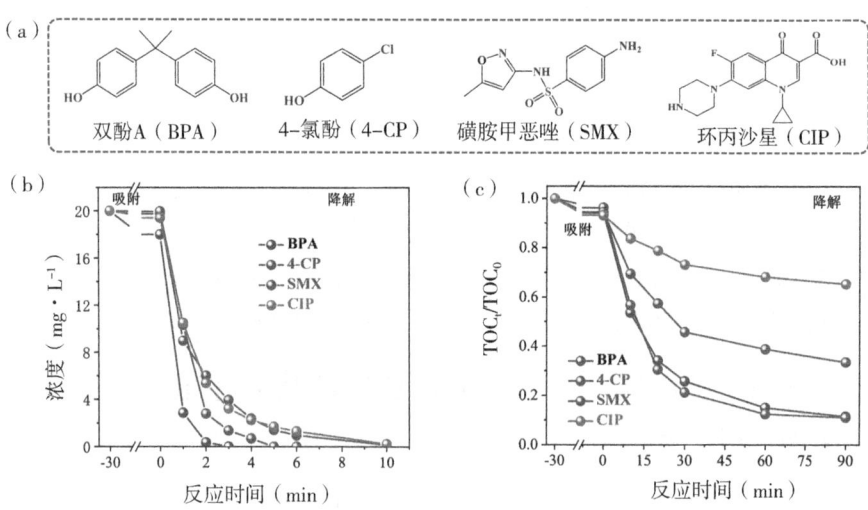

4 CoCN 可见光催化剂制备和协同 PMS 反应体系降解水中有机污染物研究

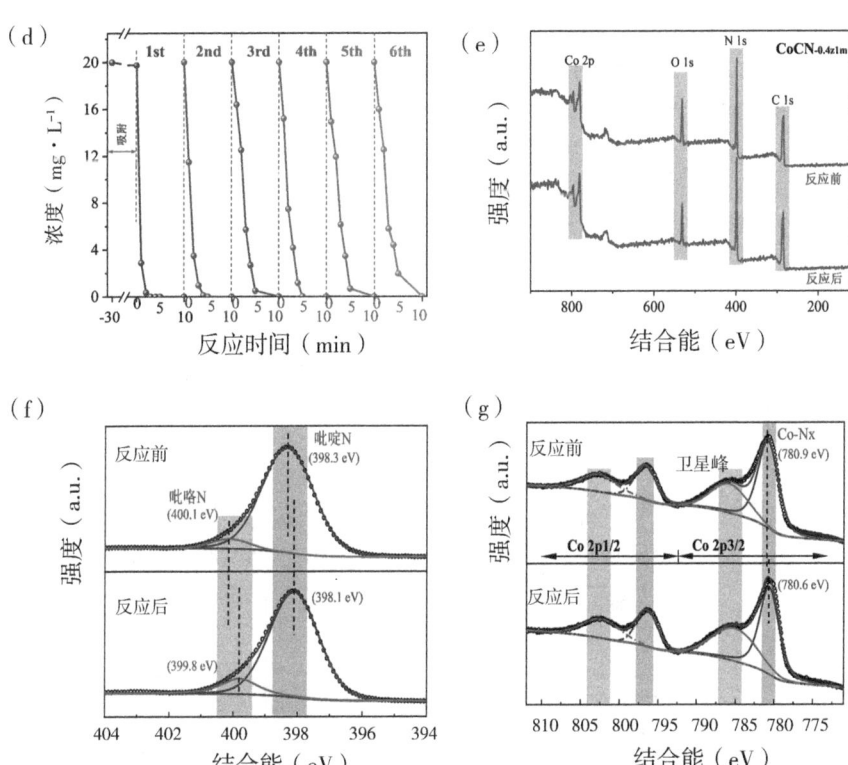

图 4.11　几种不同污染物的结构式（a），$CoCN_{-0.4z1m}$ 催化剂对不同污染物的降解效率（b），$CoCN_{-0.4z1m}$ 催化剂对不同污染物的矿化效率（c），$CoCN_{-0.4z1m}$ 催化剂对 BPA 进行 6 次循环降解（d），$CoCN_{-0.4z1m}$ 催化剂反应前后的 XPS 总谱（e），反应前后 $CoCN_{-0.4z1m}$ 催化剂的 N 1s（f）和 Co 2p（g）的高分辨率 XPS 光谱

有明显变化，这也可以间接反映 $Co_{-0.4z1m}$ 催化剂的结构稳定性。此外，N 1s 和 Co 2p 的高分辨率 XPS 光谱如图 4.11 f 和 4.11 g 所示，发现反应后的 N 1s 和 Co $2p^{3/2}$ 的主峰与反应前相比向低结合能方向移动了 0.2~0.3 eV，这是由于在 CoCN/Vis/PMS 体系中，光照后

电子从 C 原子跃迁到 N 原子,导致 Co-Nx 位置附近的电子云密度增加,Co 和 N 物种的电子结合力减弱。Co-Nx 位置有足够的电子,有利于 PMS 的活化,产生大量的活性自由基,用于污染物的有效降解和矿化。

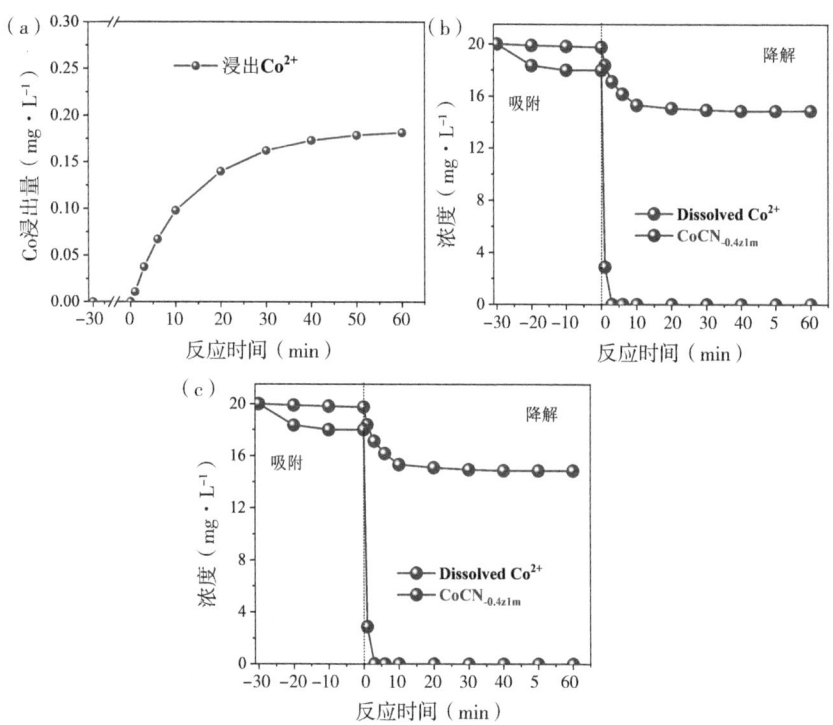

图 4.12 CoCN$_{-0.4z1m}$ 催化剂在光照射下降解 BPA 过程中的 Co 浸出随时间的变化 (a);CoCN$_{-0.4z1m}$ 和溶解 Co^{2+} 在 BPA 降解中的催化活性 (b);CoCN$_{-0.4z1m}$ 催化剂循环重复降解 BPA 过程中 Co 离子的浸出量 (c)

注:反应条件为 C_0 (BPA) = 20 mg·L^{-1}, V_0 = 50 mL, pH = 7.0, C (PMS) = 0.2 g·L^{-1},室温。

4 CoCN 可见光催化剂制备和协同 PMS 反应体系降解水中有机污染物研究

表 4.3 近年来报道的类 Fenton 催化剂活化 PMS/H_2O_2 催化降解有机污染物性能比较

催化剂（g·L^{-1}）	氧化剂用量[b]（g·L^{-1}）	污染物（mg·L^{-1}）	降解效率（%）	TOC 降解效率（%）
CoCN$_{-0.4z1m}$ (0.2) /Vis [本工作]	0.2[a]	BPA (20)	100 (2 min)	88.8 (90 min)
	0.2[a]	4-CP (20)	100 (10 min)	88.8 (90 min)
	0.2[a]	SMX (20)	100 (5 min)	66.4 (90 min)
	0.2[a]	CIP (20)	100 (10 min)	34.6 (90 min)
I-FeN$_x$/g-C_3N_4-5 (0.25) /Vis[196]	0.5[b]	Phenol (200)	98 (10 min)	Not given
Ag/AgCl/Fh (1.0) /Vis[197]	0.18[b]	BPA (30)	100 (60 min)	Not given
Ag/AgCl/Fe-S (1.0) /Vis[198]	0.1[b]	BPA (10)	100 (120 min)	60 (180 min)
FeCo-NC-2 (0.1)[199]	0.2[a]	BPA (20)	100 (4 min)	Not given
Cu-doped AlPO$_4$ (1.0)[200]	0.18[b]	BPA (25)	92 (180 min)	38 (5 h)
$Fe_1Mn_5Co_4$-N@C (0.1)[201]	0.2[a]	BPA (20)	100 (10 min)	Not given
Co^{2+}@PMAP (0.4)[202]	1.8[a]	Phenol (10)	100 (50 min)	Not given
DPA-hematite (0.2)[203]	2.0[a]	BPA (15)	100 (120 min)	37 (120 min)
MnO_2 nanorods (0.2)[204]	2.0[a]	Phenol (20)	100 (30 min)	70 (60 min)
$CuFe_2O_4$-Fe_2O_3 (0.2)[205]	0.36[a]	BPA (5)	100 (10 min)	24 (30 min)
NG-700 (0.1)[206]	2.0[a]	Phenol (20)	100 (30 min)	75 (60 min)
CoOx-C (0.1)[207]	0.3[a]	Phenol (20)	100 (60 min)	Not given
NC-ZiF-8 (0.2)[43]	0.5[a]	Phenol (20)	100 (60 min)	63 (60 min)
$Mn_{1.8}Fe_{1.2}O_4$ (0.1)[208]	0.2[a]	BPA (10)	95 (30 min)	80 (30 min)

(续表)

催化剂 (g·L^{-1})	氧化剂用量[b] (g·L^{-1})	污染物 (mg·L^{-1})	降解效率 (%)	TOC 降解效率 (%)
Fe^{3+}-g-C_3N_4 (0.1)[209]	0.3[a]	BPA (23)	100 (15 min)	Not given
$Fe_{0.8}Co_{2.2}O_4$ (0.1)[210]	0.2[a]	BPA (20)	95 (60 min)	38 (60 min)
$Fe_3Co_7@C$ (0.1)[211]	0.2[a]	BPA (20)	95 (30 min)	35 (30 min)
CN-Cu(Ⅱ)-$CuAlO_2$ (1.0)[212]	0.18[b]	BPA (25)	98 (120 min)	41.5 (180 min)
$LaCu_{0.5}Co_{0.5}O_3$-$MMT_{0.2}$/$CN_{0.075}$ (9.5) /with MW power of 500 W[213]	0.07[b]	BPA (50)	98.7 (6 min)	63.6 (14 min)
$LaCu_{0.5}Co_{0.5}O_3$-$MMT_{0.2}$ (9.5) /with MW power of 500 W[214]	0.07[b]	BPA (50)	99.8 (14 min)	63.6 (14 min)

注：a 代表氧化剂为 PMS，b 代表氧化剂为 H_2O_2。

常规的钴基催化剂用于水处理时，可能会发生 Co^{2+} 的溶出，对生态环境和人类健康造成危害。因此，有必要研究 $CoCN_{-0.4z1m}$ 催化剂在水处理过程中钴的溶解情况。如图 4.12 a 所示，钴的溶解随着反应时间的增加而增加，在反应 60 min 后钴离子溶出量稳定在 0.18 mg·L^{-1} 的水平，该数值低于国家钴离子排放标准（1 mg·L^{-1}）。为了排除溶解钴离子对催化过程的影响，研究了均相 Co^{2+}（0.18 mg^{-1}）对 BPA 的催化降解能力。由图 4.12 b 可知，溶解部分的 Co^{2+} 对 BPA 的去除量占整个催化体系的 14%，说明均相 Co^{2+} 对催化降解有机污染物体系的贡献较小，而 $CoCN_{-0.4z1m}$ 催化剂所起到的非均相催化作用有较大贡献。此外，在催化剂的循环回收实验过程中对 Co^{2+} 浓度进行检测（图 4.12 c），发现第三次循环实验之后，浸出 Co^{2+} 量已经低于 ICP 检测限，这也验证了 CoCN 催化剂良

4 CoCN 可见光催化剂制备和协同 PMS 反应体系降解水中有机污染物研究

好的结构稳定性。

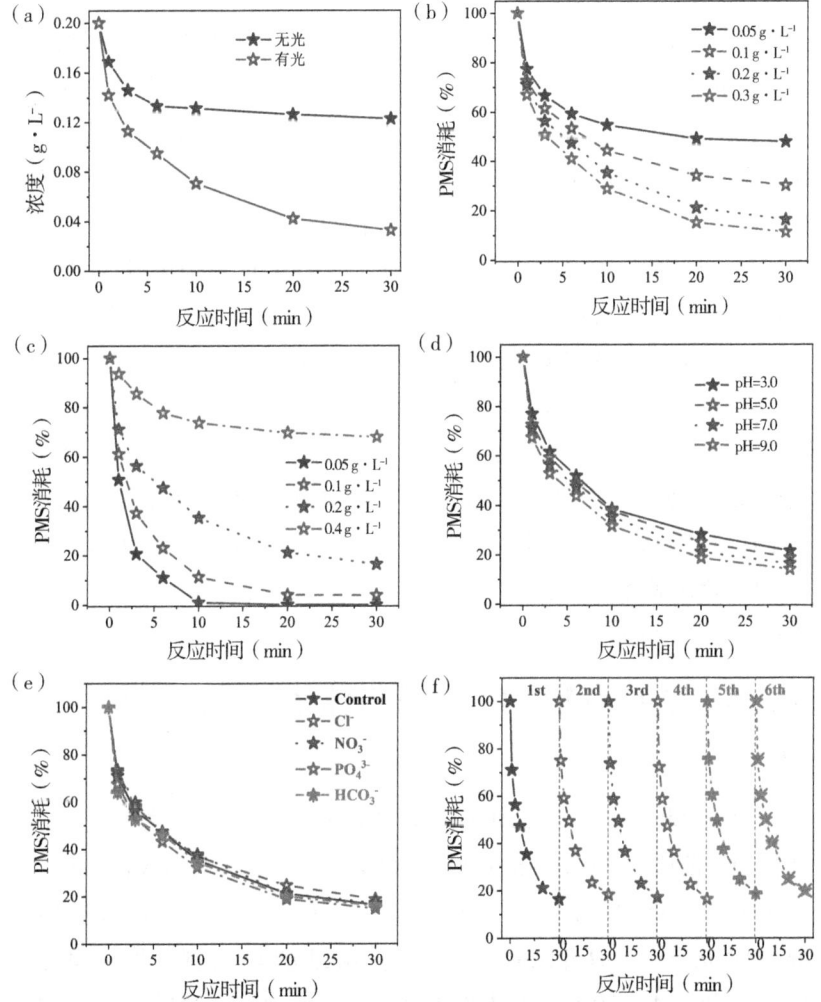

a. 为光照条件,b. 催化剂用量,c. PMS 浓度,d. 溶液 pH 值,
e. 水中不同阴离子,f. $CoCN_{-0.4z1m}$

图 4.13 不同催化反应条件控制下的 PMS 消耗速率

通过 KI 比色法检测了不同实验条件下的 PMS 消耗量,如图 4.13 所示。可以看出,各组实验中 PMS 消耗量的变化趋势与相同反应条件(图 4.8 至图 4.11 部分实验)下的 BPA 降解随时间的变化趋势相似,说明 PMS 分子的消耗在 CoCN/Vis/PMS 体系中起重要作用。图 4.13 a 的结果表明,PMS 的消耗速率在可见光条件下显著高于无光照射的条件,表明可见光可以有效改善 $CoCN_{-0.4z1m}$ 对 PMS 的活化性能,从而产生更多的活性自由基用于 BPA 等有机污染物的催化降解。由图 4.13 b 可以看出,随着催化剂用量的增加,PMS 的消耗速度也明显加快,这是由于更多的催化剂位点用于活化 PMS;但随着 PMS 初始浓度的增加,PMS 的消耗速率逐渐变慢(图 4.13 c),这是因为 $CoCN_{-0.4z1m}$ 催化剂暴露的活性位点有限,不足以快速激活反应器中存在的大量 PMS。此外,3.0~9.0 的 pH 值变化以及不同阴离子存在的反应环境对 PMS 的消耗速率影响较小(图 4.13 d 和 e),在数次回收 $CoCN_{-0.4z1m}$ 催化剂循环降解 BPA 过程中 PMS 消耗速率变化也不大(图 4.13 f),综合验证了 CoCN/Vis/PMS 催化体系的相对稳定性。

4.3.5 CoCN/Vis/PMS 反应体系可能的催化机理讨论

为了分析 CoCN/Vis/PMS 体系中催化降解 BPA 的主要反应活性物种,使用 t-BuOH、p-BQ、L-组氨酸、草酸铵和硝酸银分别充当 $\cdot OH$、$\cdot O_2^-$、$^1O_2$,空穴(h^+)和电子(e^-)的淬灭剂,使用甲醇同时充当 $\cdot OH$ 和 $SO_4^- \cdot$ 两种自由基的淬灭剂。如图 4.14 (a-c) 和表 4.4 所示,上述淬灭剂的添加对 BPA 的降解具有显著的抑制作用,在对 $SO_4^- \cdot$、$\cdot OH$、$\cdot O_2^-$、$^1O_2$、h^+ 和 e^- 分别进行淬灭的情况下,对 BPA 降解反应的抑制率分别为 46.4%、46.8%、98.0%、85.2%、83.4% 和 52.7%。其中,抑制率 =(控制组反应

4 CoCN 可见光催化剂制备和协同 PMS 反应体系降解水中有机污染物研究

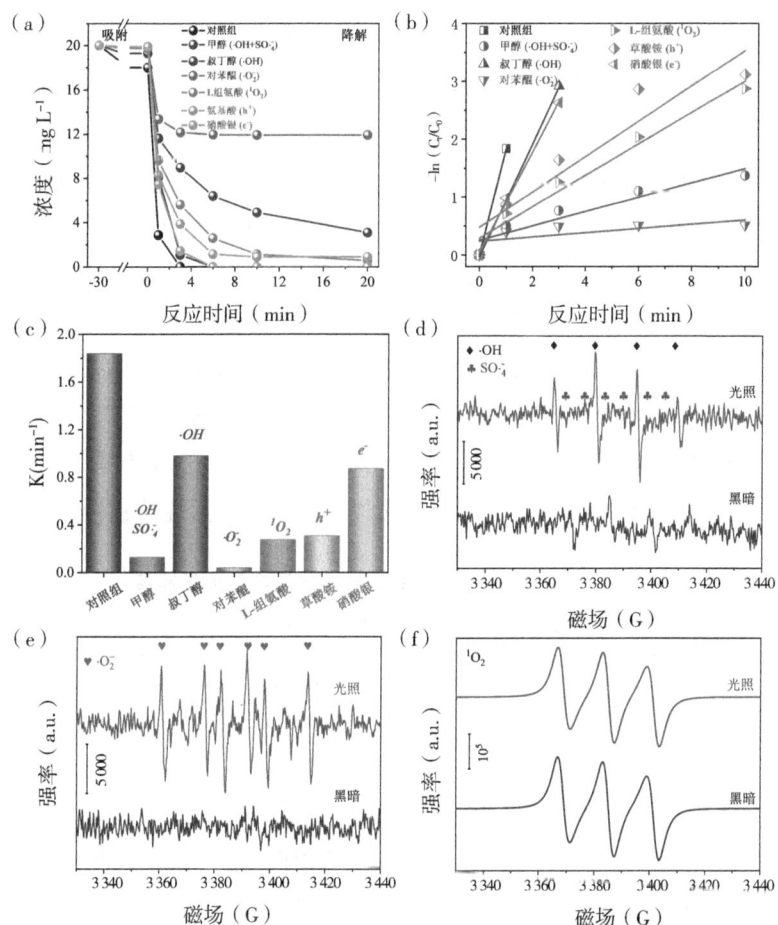

a. BPA 降解过程，b. 对 BPA 降解过程进行拟一级反应动力学拟合情况，c. 反应动力学速率常数，d. 在光照或黑暗环境中的 DMPO-·OH 和 DMPO-SO_4^-·EPR 信号，e. DMPO-·O_2^- EPR 信号，f. TEMP-$^1O_2$ EPR 信号

图 4.14　当添加不同的淬灭剂时的不同反应

速率-添加淬灭剂时的反应速率)/控制组反应速率×100%。这些结

果表明，具有氧化活性的 $SO_4^-\cdot$、$\cdot OH$、$\cdot O_2^-$、$^1O_2$ 和 h^+ 均在 BPA 降解中起关键作用。如果电子被淬灭，将阻断 $\cdot O_2^-$ 的生成路径，因而也会抑制 BPA 的降解。通过 EPR 测试进一步研究了 CoCN/Vis/PMS 体系中产生的自由基种类，分别以 5,5-二甲基-1-吡咯烷酮-N-氧化物（DMPO）水溶液作为 $\cdot OH$ 和 $SO_4^-\cdot$ 捕获剂，DMPO 甲醇溶液作为 $\cdot O_2^-$ 捕获剂，2,2,6,6-四甲基哌啶（TEMP）作为 $^1O_2$ 捕获剂。如图 4.14 d-f 所示，在黑暗条件下，除了 1:1:1 三重峰的 TEMP-$^1O_2$ 自旋信号外，没有观察到其他活性物种明显的 EPR 信号。但是，在可见光照射 2 min 后，发现一个明显的 1:2:2:1 四重峰模式的 DMPO-$\cdot OH$ 自旋信号和一个较弱的 DMPO-$SO_4^-\cdot$ 信号以及 DMPO-$\cdot O_2^-$ EPR 信号。这表明在 CoCN/Vis/PMS 体系中同时生成了 $^1O_2$、$\cdot OH$、$SO_4^-\cdot$ 和 $\cdot O_2^-$ 几种具有高氧化活性的物种。

表 4.4 添加不同淬灭剂时的 BPA 的反应动力学速率常数及其相对空白对照实验的抑制率

处理	种类	k (min^{-1})	抑制率（%）
对照	—	1.84	—
Methanol	$\cdot OH+SO_4^-\cdot$	0.124	93.3
t-BuOH	$\cdot OH$	0.977	46.8
P-BQ	$\cdot O_2^-$	0.0370	98.0
L-Histidine	$^1O_2$	0.271	85.2
Ammonium oxalate	h^+	0.305	83.4
Silver nitrate	e^-	0.869	52.7

结合以上实验结果和分析，推测 CoCN/Vis/PMS 体系催化降解有机污染物过程中可能的反应机理如图 4.15 所示，具体可分为以下 4 部分反应途径：

4 CoCN可见光催化剂制备和协同PMS反应体系降解水中有机污染物研究

(1) CoCN催化剂被可见光激发产生光生电子和空穴,如反应式E 4.1所示。

$$CoCN+h\nu \rightarrow e^- + h^+ \quad (E\ 4.1)$$

(2) 氧气分子捕获光生电子,产生 $\cdot O_2^-$(E 4.2),$\cdot O_2^-$质子化生成 $\cdot OOH$ 自由基(E 4.3),$\cdot OOH$ 自由基继续捕获电子生成 H_2O_2(E 4.4),H_2O_2 可能会通过光照激发(E 4.5)或者Co位点催化(E 4.6)的方式继续形成 $\cdot OH$ 自由基。

$$e^- + O_2 \rightarrow \cdot O_2^- \quad (E\ 4.2)$$

$$\cdot O_2^- + H^+ \rightarrow \cdot OOH \quad (E\ 4.3)$$

$$\cdot OOH + H^+ + e^- \rightarrow H_2O_2 \quad (E\ 4.4)$$

$$H_2O_2 + h\nu \rightarrow 2 \cdot OH \quad (E\ 4.5)$$

$$H_2O_2 + Co^{2+} \rightarrow \cdot OH + OH^- + Co^{3+} \quad (E\ 4.6)$$

(3) 光生电子可以从N原子转移到Co原子,然后与PMS反应形成 $SO_4^- \cdot$ 和 $SO_5^- \cdot$(E 4.7至E 4.9),部分 $SO_4^- \cdot$ 可以进一步与水反应生成 $\cdot OH$ 自由基(E 4.10),$SO_5^- \cdot$ 可以与 H_2O 反应生成 $^1O_2$(E 4.11),它也具有一定的氧化能力。

$$e^- + HSO_5^- \rightarrow OH^- + SO_4^- \cdot \quad (E\ 4.7)$$

$$Co^{2+} + HSO_5^- \rightarrow Co^{3+} + OH^- + SO_4^- \cdot \quad (E\ 4.8)$$

$$Co^{3+} + HSO_5^- \rightarrow Co^{2+} + H^+ + SO_5^- \cdot \quad (E\ 4.9)$$

$$SO_4^- \cdot + H_2O \rightarrow SO_4^{2-} + H^+ + \cdot OH \quad (E\ 4.10)$$

$$SO_5^- \cdot + H_2O \rightarrow HSO_4^- + {^1O_2} \quad (E\ 4.11)$$

(4) 经过上述CoCN催化剂光催化和活化PMS氧化的协同作用,产生多种氧化活性物种,如 $SO_4^- \cdot$、$\cdot OH$、$\cdot O_2^-$、$^1O_2$ 和 h^+,它们可以共同发挥氧化作用,从而实现对有机污染物的高效降解和矿化(E 4.12)。

$$SO_4^- \cdot / \cdot OH / \cdot O_2^- / {^1O_2} / h^+ + pollutants \rightarrow Degradation\ products \quad (E\ 4.12)$$

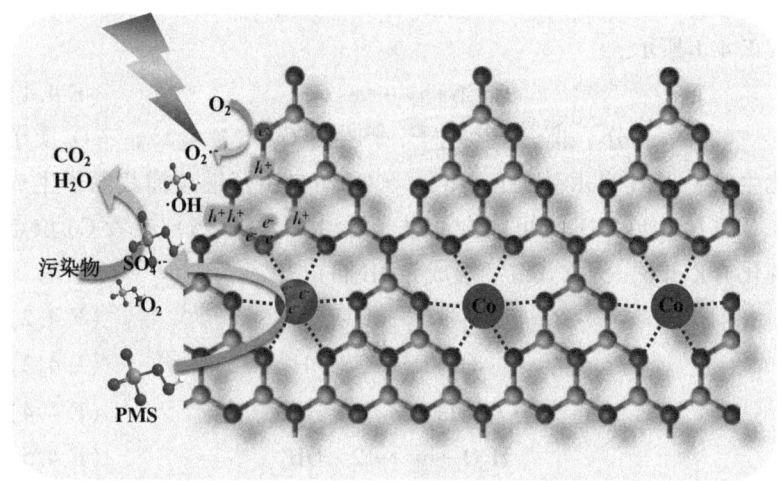

图 4.15 CoCN/Vis/PMS 体系中的催化反应机理示意

4.4 本章小结

本章以 ZIF-67 和三聚氰胺为前驱体采用一步热解法制备了 CoCN 催化剂,对其形貌结构、化学键特征、光电化学性能等进行表征,并探究 CoCN/Vis/PMS 体系对不同有机污染物的降解能力及反应机理,得到如下结论。

(1) SEM 和 TEM 结果表明 CoCN 催化剂为多孔纳米结构,EDS 分析发现 CoCN 催化剂中的 Co 原子分散均匀、无颗粒聚集。XPS 表征说明 CoCN 催化剂中的 Co 元素以 Co-Nx 键的形式存在,高度分散的 Co 原子牢固地锚定在 CN 环中,光生电子通过 Co-Nx 键从 N 原子迁移到 Co 原子,结合 PMS 吸收电子的能力,促进光生电荷的分离。

(2) CoCN$_{-0.4z1m}$ (16.9 wt.% Co) 在可见光下活化 PMS,催化

4 CoCN 可见光催化剂制备和协同 PMS 反应体系降解水中有机污染物研究

降解水溶液中 BPA，2 min 内 BPA 降解率达到 100%，拟一级反应动力学速率常数为 1.84 min^{-1}，是无光照条件的 5.58 倍。同时，CoCN/Vis/PMS 体系在 90 min 内对 BPA 溶液的 TOC 去除率达到 88.8%，对几种代表性有机污染物如 4-CP、SMX 和 CIP 在 10 min 内降解率均达到 100%。

（3）CoCN/Vis/PMS 反应体系在水溶液 pH 值范围为 3~9 时催化降解性能稳定，6 min 内实现 BPA 的全部去除；当溶液中添加不同阴离子如 Cl^-、NO_3^-、PO_4^- 和 HCO_3^- 时，BPA 降解率均达到 100%，体系抗干扰能力强。

（4）自由基淬灭实验和 EPR 表征结果发现，在 CoCN/Vis/PMS 体系中存在光催化和 PMS 氧化的协同作用，产生多种氧化活性物种如 $SO_4^-\cdot$、$\cdot OH$、$\cdot O_2^-$、$^1O_2$ 和 h^+，实现对水溶液中有机污染物的高效降解和矿化。

5 g–C_3N_4/$BiPO_4$可见光催化剂制备和活化硫酸盐反应体系降解水中有机污染物研究

5.1 引言

第4章研究表明,CoCN光催化剂在可见光下成功活化PMS产生$SO_4^-\cdot$,进而提高光催化反应体系对水溶液中有机污染物的降解性能。与PMS相比,硫酸根离子(SO_4^{2-})成本低、来源广泛[215-219]。从经济性、实用性和环境友好的角度考虑,利用太阳能光催化活化SO_4^{2-}产生$SO_4^-\cdot$具有更高的经济实用价值。为了实现SO_4^{2-}向$SO_4^-\cdot$的转化,需要提供高于其氧化还原电位的能量,即E_0($SO_4^-\cdot$/SO_4^{2-}) ≈ 2.5~3.1 V,这也是通过光催化技术活化SO_4^{2-}产生$SO_4^-\cdot$的难点所在。

Radjenovic等发现通过阳极氧化过程可活化硫酸盐产生$SO_4^-\cdot$[220-223]。当施加电势大于E_0($SO_4^-\cdot$/SO_4^{2-})时,在硼掺杂金刚石和硼氮共掺杂金刚石(BDD和BND)阳极上,通过单电子转移反应可将硫酸根离子转化为硫酸根自由基。受电化学氧化反应机理启发,当所选光催化剂的价带电位高于E_0($SO_4^-\cdot$/SO_4^{2-})时,光催化氧化硫酸盐的过程在热力学上是可行的。因而,光催化活化硫酸盐体系,催化剂应满足以下要求:(i)具有合适的能带结构,可以克服活化硫酸盐的能垒;(ii)为硫酸盐的活化提供催化位点。You 等研究了一系列宽带隙光催化剂如 TiO_2 ($E_{VB} \approx 2.80$ eV)、ZnO ($E_{VB} \approx 2.89$ eV)、$BiVO_4$ ($E_{VB} \approx 2.70$ eV)、$BiPO_4$ ($E_{VB} \approx 3.67$ eV) 和 Ta_2O_5 ($E_{VB} \approx 3.80$ eV) 在紫外光下活化 SO_4^{2-} 的性能,发现 $BiPO_4$ 对硫酸根离子具有更好的活化能力,原因是 $BiPO_4$ 在拥有高价带电位的同时也具有适当的 $SO_4^-\cdot$ 吸附能力 ($-E_{ad}$ = 45.7 kJ·mol^{-1})[224-228]。然而,$BiPO_4$ 的带隙较宽 ($E_g \approx 4.20$ eV),可见光利用率低,光生电子-空穴对在单一半导体中易发生复合[229-231]。通过模拟自然光合作用机制,构建 $BiPO_4$ 和 g-C_3N_4 组成的 Z 型光催化体系可以有效解决上述问题。一方面,$BiPO_4$ 和 g-C_3N_4 同时受光照激发,对光谱的利用范围增大;另一方面,两者形成异质结增强电荷分离,$BiPO_4$ 作为光氧化半导体实现光催化活化 SO_4^{2-} 产生 $SO_4^-\cdot$,g-C_3N_4 ($E_{CB} \approx -1.30$ eV) 作为光还原半导体同时将 O_2 还原生成 $\cdot O_2^-$。

在本章工作中,采用热聚合法制备 g-C_3N_4/$BiPO_4$ (CNBx) 光催化剂,利用 SEM、TEM、XRD 和 XPS 等表征分析 CNBx 光催化剂的形貌、化学组成和电子结构。以水溶液中的双酚 A (BPA) 为目标污染物,研究 CNBx 光催化剂在活化 SO_4^{2-} 体系中的催化降解能力。通过 EPR 表征和自由基淬灭实验分析 CNBx 光催化活化 SO_4^{2-} 反应过程中产生的活性物种以及对有机污染物降解的影响,进而推测可见光下 CNBx 活化 SO_4^{2-} 降解有机污染物的光催化反应机理。

5.2 实验部分

5.2.1 实验材料和仪器

在第 4 章 4.2.1 节的基础上,本章使用的实验材料和仪器补充如下。

六水硝酸铋 [Bi(NO$_3$)$_2$·6H$_2$O],分析纯,天津光复试剂有限公司

四乙酸乙二胺(EDTA,C$_{10}$H$_{14}$N$_2$Na$_2$O$_8$),分析纯,天津光复试剂有限公司

磷酸氢二钾(K$_2$HPO$_3$),分析纯,天津光复试剂有限公司

硝酸(HNO$_3$),分析纯,天津光复试剂有限公司

布洛芬(C$_{13}$H$_{18}$O$_2$),分析纯,阿拉丁化学技术有限公司

热重差热合成分析仪,Exstar SⅡ TG/DTA 6300,日本 seiko 仪器公司

全功能稳态/瞬态荧光光谱仪,FLS920,英国爱丁堡仪器有限公司

液相色谱-串联四极杆质谱联用仪,RRLC/6410B,美国安捷伦公司

5.2.2 g-C$_3$N$_4$/BiPO$_4$催化剂的制备

(1) BiPO$_4$纳米立方体的制备

将 5 mmol EDTA 和 5 mmol(Bi(NO$_3$)$_2$·6H$_2$O)溶于 80 mL 超纯水中。在连续搅拌下,滴加 1.8 mL HNO$_3$,直到溶液透明。然后在混合溶液中加入 5 mmol K$_2$HPO$_3$,继续搅拌使混合物均匀。将混合溶液放入特氟隆内衬不锈钢水热反应器中,在 180 ℃ 的烘箱中加热 12 h。最后,用乙醇和高纯水清洗数次,离心分离固体,并在 70 ℃ 烘箱中干燥 12 h。获得的样品记为 BiPO$_4$纳米立方体或简称为 BiPO$_4$。

(2) g-C$_3$N$_4$/BiPO$_4$(CNBx)的制备

在 20 mL 乙醇中加入 3 g 三聚氰胺和 x mg BiPO$_4$纳米立方体,搅拌和超声均匀分散。然后将混合物放入坩埚中,在烘箱中 80 ℃

温度下烘干 6 h。将烘干后的混合物放入马弗炉中，以 5 ℃ min^{-1} 的速度加热至 550 ℃，热聚合 2 h。最后自然冷却至室温，所得产物记为 CNBx (x = 20、60、100、150、200、250)。此外，在完全相同的条件下，以三聚氰胺为前驱体煅烧的样品为 g-C_3N_4，$BiPO_4$ 也煅烧得到退火后的 $BiPO_4$，均被用作对照实验的样本。

5.2.3　g-C_3N_4/$BiPO_4$ 催化剂的表征

（1）热重分析

使用热重差热合成分析仪对催化剂进行热重分析。测试步骤为：先向坩埚中加入 5 mg 样品，然后在氮气下以 5 ℃·min^{-1} 的升温速率和 50 mL·min^{-1} 的气体流速从室温加热到 900 ℃。

（2）形貌表征

采用场发射扫描电子显微镜（FE-SEM）对材料的表面形貌进行了测量。采用 300 kV 透射电子显微组织（TEM）测试分析材料的晶体相结构和元素扫描图。

（3）材料结构和表面元素化学状态分析

采用 X 射线衍射仪（XRD）对催化剂的晶相结构进行鉴定和分析，铜靶扫描范围为 5°~80°，扫描速度为 8°·min^{-1}，加速电压为 45 kV，电流为 200 mA。采用傅立叶红外光谱仪（FTIR）在透射模式下测试了材料的化学官能团。通过 X 射线光电子能谱（XPS）分析材料的元素化学状态和价带结构。

（4）光学性能测试

使用紫外分光光度计对催化剂进行紫外-可见漫反射（DRS）测试，扫描范围为 190~800 nm，以 $BaSO_4$ 粉末作为参考。使用全功能稳态/瞬态荧光光谱仪测量材料的光致发光发射光谱（PL）以及光致发光寿命和时间分辨光谱（TRPL）。对于 TRPL 瞬态光谱的分析，一般采用重卷积拟合方法来分析荧光衰减寿命，该方法可以扣除光源的影响，拟合公式如 E 5.1 所示。在该方法中，τ 为拟合计算出的寿命，A 为计算出的背景，B 为计算出的指前因子，δ 为这两个参数的渐近标准误差，χ^2 为拟合优度。根据 χ^2 值，可以对拟合结果的质量进行评价，χ^2 的值越接近 1 表示拟合效果越好。得到拟合计算的参数后，对于所测试样品的平均寿命 $<\tau>$ 的计算公式如 E 5.2 所示。

$$R(t) = A + B_1 e^{(-t/\tau_1)} + B_2 e^{(-t/\tau_2)} \quad (\text{E 5.1})$$

$$<\tau> = \frac{B_1 \tau_1^2 + B_2 \tau_2^2}{B_1 \tau_1 + B_2 \tau_2} \quad (\text{E 5.2})$$

(5) 电学性能测试

利用电化学工作站对催化剂的光电流、电化学交流阻抗谱 (EIS) 和莫特-肖特基曲线进行分析。采用标准的三电极体系，以甘汞电极为参比电极，以铂片为对电极，以涂有催化剂的 FTO 作为工作电极，以 10 mM 的 Na_2SO_4 溶液为电解液。

(6) 自由基测试

采用电子顺磁共振波谱法 (EPR) 测定各种自由基的存在。其中，DMPO 可作为 $SO_4^-\cdot$、$\cdot OH$ 和 $\cdot O_2^-$ 的捕获剂，TEMP 可作为 $^1O_2$ 的捕获剂。以 50 mM 的 DMPO 水溶液测试 $SO_4^-\cdot$ 和 $\cdot OH$，以 50 mM 的 DMPO 甲醇溶液测试 $\cdot O_2^-$，以 50 mM 的 TEMP 水溶液测试 $^1O_2$。

5.2.4 光降解实验过程和分析方法

通过对有机污染物的降解实验，评价了硫酸盐的光催化原位活化性能。以氙灯为光源，采用数字辐射计测量光辐照强度。首先将 10 mg 催化剂分散到初始浓度为 20 mg·L^{-1} 的 50 mL 有机污染物溶液中，在黑暗中搅拌 30 min，以保证吸附-脱附的平衡。然后加入浓度为 10 mM 的 Na_2SO_4，同时打开氙灯启动反应，反应溶液表面的

5 g-C₃N₄/BiPO₄ 可见光催化剂制备和活化硫酸盐反应体系降解水中有机污染物研究

光辐照强度为 100 mW·cm⁻²。每隔 15 min 取 1 mL 悬浮液,用 0.22 μm PTFE 注射器过滤器过滤去除粉末颗粒物后作为待测样品。目标污染物为双酚 A(BPA)、4-氯酚(4-CP)、环丙沙星(CIP)、磺胺甲恶唑(SMX)和布洛芬(Ibuprofen),其结构式如图 5.1 所示。采用高效液相色谱法测定污染物浓度变化。采用总有机碳分析仪对上述有机污染物的矿化情况进行分析。根据拟一级动力学方程(E 2.1)计算污染物降解反应动力学速率常数(k, min⁻¹)。

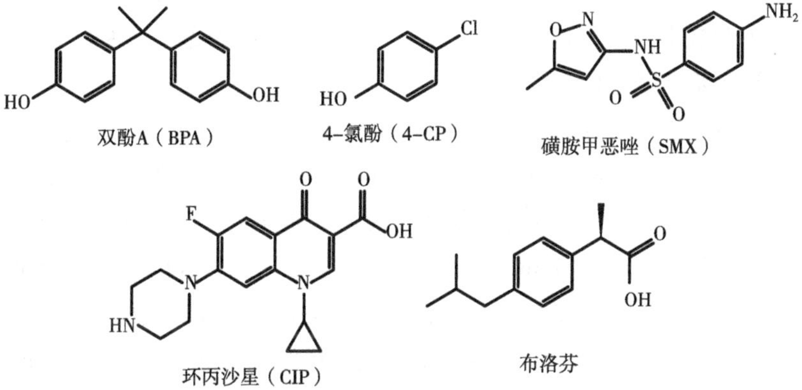

图 5.1 几种目标污染物的结构式

采用液相色谱-串联四极杆质谱(LC-MS),配备 ZORBAX Eclipse C18 色谱柱(Narrow Bore RR, 2.1×100 mm, 3.5 Micron),测定 BPA 降解过程中可能的中间体。流动相为乙腈(A)和 0.01% 氨水(B),流速为 0.25 mL·min⁻¹。洗脱梯度依次设置为:0 min(10%A~90%B)、10 min(80%A~20%B)、10.10 min(5%A~95%B)和 17 min(5%A~95%B)。在 80~400 的 m/z 范围内以负电喷雾电离(ESI)模式分析了 MS 和 MS/MS。

5.2.5 理论计算方法

采用 Gaussian 09 软件包进行密度泛函理论 (DFT) 计算。在 B3LYP/6-31G (d, p) 基组水平上对双酚 A 及其中间体分子结构进行了优化，得到了分子轨道 (MO) 分布。将优化后的分子结构导入 Multiwfn 软件包计算了在福井 (Fukui) 函数中的亲电反应系数 (f^-)，亲核的反应系数 (f^+) 和自由基反应系数 (f^0)[232]。同时，利用自然键轨道 (NBO) 理论，利用 Multiwfn 软件包计算了 BPA 和各中间产物的 Wiberg 键序 (WBO)、模糊键序 (FBO) 和拉普拉斯键序 (LBO) 值[233]。

利用前沿分子轨道 (FMOs) 理论和 Fukui 函数预测了亲电、亲核和自由基攻击的反应位点。FMOs 理论认为，最高占有分子轨道 (HOMO) 可以作为电子供体，最有可能被亲电试剂攻击；而最低未占分子轨道 (LUMO) 可以作为电子受体，最有可能被亲核试剂攻击[234]。Fukui 函数是约束密度泛函理论 (CDFT) 中一个非常重要的概念，在反应位点预测中得到了广泛的应用。Fukui 函数的定义如下。

$$f(r) = \left[\frac{\partial \rho(r)}{\partial N}\right]_v \quad (\text{E 5.3})$$

式中，N 为在当前系统中电子的数量，$\rho(r)$ 为在实空间中 r 点处的电子密度。偏导数中的常数项 v 表示外部电势。认为反应位点的 Fukui 函数值应大于其他位点。由于 N 为整数时的不连续，不能直接求偏导数。通过有限差分逼近，可以显式计算出来 3 种情况下的 Fukui 函数值，如下所示：

Electrophilic attack: $f^-(r) = \rho_N(r) - \rho_{N-1}(r) \approx \rho^{\text{HOMO}}(r)$

$$(\text{E 5.4})$$

Nucleophilic attack: $f^+(r) = \rho_{N+1}(r) - \rho_N(r) \approx \rho^{LUMO}(r)$

(E 5.5)

Radical attack: $f^0(r) = \dfrac{f^-(r) + f^+(r)}{2} =$

$\dfrac{\rho_{N+1}(r) - \rho_{N-1}(r)}{2} \approx \dfrac{\rho^{HOMO}(r) - \rho^{LUMO}(r)}{2}$ (E 5.6)

5.2.6 毒性评价方法

根据定量构效关系（QSAR）模型，可以利用化合物的分子结构预测其生物活性性质，从而分析其可能的生态毒性。采用美国环保署开发的毒性评估软件工具（T.E.S.T）对双酚A及其降解中间体的毒性进行了评估。将双酚A和中间体的分子结构输入软件，采用共识法评价化合物的毒性。该方法能保证较高的预测精度。中间体的毒性预测包括急性毒性、生物积累因子、发育毒性和Ames致突变性。

5.3 结果与讨论

5.3.1 $g-C_3N_4/BiPO_4$催化剂的形貌和结构分析

从图5.2a的XRD谱图可以看出，$BiPO_4$样品的所有衍射峰都与单斜晶型的$BiPO_4$（JCPDS#15-0767）相对应，即$P2_1/n$（14）空间群。$BiPO_4$的晶体结构不受煅烧处理的影响，仍然表现出较高的衍射强度（120、200和012）晶面。从所制备催化剂的热重曲线（图5.2b）可以看出，$BiPO_4$到800℃时热化学性能非常稳定，而$g-C_3N_4$在700℃时被完全氧化，质量损失接近100%。CNBx催化剂的热稳定性与纯$g-C_3N_4$相似。通过分析CNBx的质量损失率，得到 $BiPO_4$ 在 CNBx 催化剂中的质量比分别为 1.48%、3.82%、6.56%、9.99%、12.2% 和 17.0%，如表 5.1 所示。

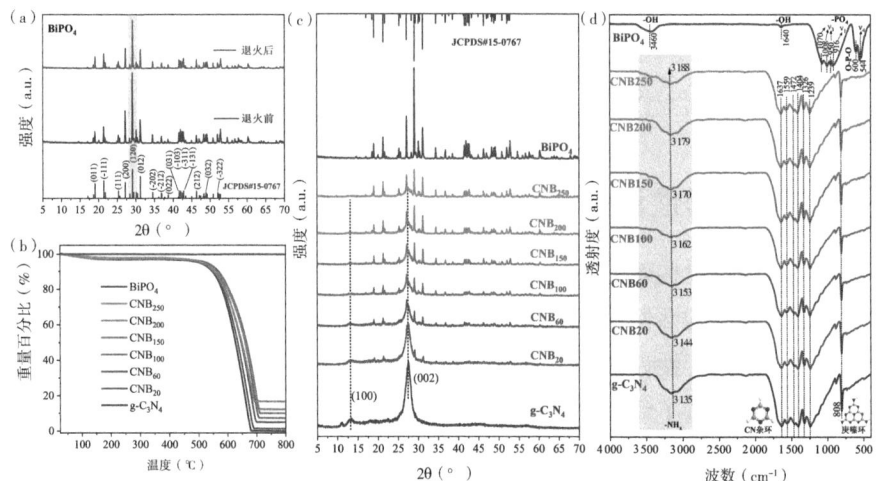

图 5.2 $BiPO_4$ 纳米立方体在退火前后的 XRD 图（a），CNBx 催化剂的热重曲线（b）、XRD 图（c）和 FT-IR 谱图（d）

表 5.1 在不同 CNBx 催化剂中 $BiPO_4$ 的质量分数

催化剂	$BiPO_4$ 质量分数（%）	催化剂	$BiPO_4$ 质量分数（%）
CNB_{20}	1.48	CNB_{150}	9.99
CNB_{60}	3.82	CNB_{200}	12.2
CNB_{100}	6.56	CNB_{250}	17.0

根据 XRD 分析（图 5.2c），所有 CNBx 催化剂基本保持了 $BiPO_4$ 和 g-C_3N_4 的原始晶相结构。制备的催化剂 FTIR 如图 5.2d 所示，其中位于 808 cm^{-1} 的 g-C_3N_4 峰属于七嗪环结构的平面外弯曲模

式，1 250~1 650 cm^{-1}范围内的峰对应的是 C—N/C=N 杂环的伸缩振动模式，3 135 cm^{-1}处的宽吸收带归因于聚合单元边缘胺基（—NHx）的 N—H 振动。随着 CNBx 中 BiPO$_4$ 含量的增加，g-C$_3$N$_4$ 的基本骨架结构基本不变，除了—NHx 特征峰出现轻微的蓝移，其波数位置从 3 135 cm^{-1}逐渐增加到 3 188 cm^{-1}。这可能是由于 g-C$_3$N$_4$ 通过纵向插入与 BiPO$_4$ 结合，导致对边缘的—NHx 基团的影响大于对平面上其他基团的影响。

图 5.3　BiPO$_4$ 纳米立方体退火前（a）和退火后（b）的 SEM 图像，BiPO$_4$ 的 HR-TEM 图像（c），g-C$_3$N$_4$ 纳米片的 SEM 图像（d）

BiPO$_4$ 煅烧前后的 SEM 图像如图 5.3 a 和 b 所示。可以发现它们在纳米立方体的形态上保持不变。图 5.3 c 为 BiPO$_4$ 的 HRTEM 图像，其约 0.306 nm 晶格条纹对应于（120）面。由三聚氰胺聚合得

到的纯 $g-C_3N_4$ 呈典型的二维卷曲折叠层状结构,如图 5.3 d 所示,显示了聚合物的柔韧性。图 5.4 a 和 b 为 CNB_{150} 的 SEM 图像。可以看出,$BiPO_4$ 纳米立方体具有明显的晶边,部分晶边与柔性的 $g-C_3N_4$ 聚合物相连,部分晶边暴露在外。从 CNB_{150} 的 TEM 图像(图 5.4 c)和对应的 C/N/O/P/Bi 元素映射图(图 5.4 d)也可以看出,$BiPO_4$ 纳米立方体分散并嵌入到 $g-C_3N_4$ 层中。CNB_{150} 的 HR-TEM 图像(图 5.4 e)进一步证实了 $BiPO_4$ 与 $g-C_3N_4$ 形成了亲密而清晰的界面接触,这表明聚合物 $g-C_3N_4$ 可能是由三聚氰胺在 $BiPO_4$ 纳米立方体平面上被调制的缩合形成的。悬垂的 P-O 键可以作为活性位点,与三聚氰胺的叔氮原子形成共价键。随着三聚氰胺的初始聚合,$g-C_3N_4$ 可以在 3 个不同的方向进一步生长:层间聚集(a),沿 $BiPO_4$ 表面晶格方向的面内扩展(b),无限垂直生长(c)(图 5.5)。由于 $BiPO_4$ 表面的粗糙度和分子构象要求的规律性,$g-C_3N_4$ 沿界面方向的扩展生长速度相比 $g-C_3N_4$ 沿垂直于 $BiPO_4$ 方向延伸要慢得多。通过这种方式,这些垂直排列的二维 $g-C_3N_4$ 层可以快速生长,然后自组织成排列紧凑的大微观结构。结果表明,$BiPO_4$ 纳米立方体作为客体分散嵌入 $g-C_3N_4$ 纳米片的表面区域。此外,由不同的 $BiPO_4$ 纳米立方体生长而成的 $g-C_3N_4$ 形成了一些疏松区域,如图 5.4 a 所示。由于平行延伸率和垂直延伸率的不同,$BiPO_4$ 表面只是部分被 $g-C_3N_4$ 包覆,这不仅有利于界面电荷转移,同时还能保持 $BiPO_4$ 纳米立方体暴露在光照下。因此,$BiPO_4$ 和 $g-C_3N_4$ 都可以被光激发产生电子和空穴,然后通过界面电荷转移和催化剂表面反应激活更多的小分子。

使用 XPS 分析了催化剂表面的元素组成和化学状态。通过对制备催化剂的 XPS 总谱分析(图 5.6 a)可以看出,纯的 $BiPO_4$ 由 Bi、P、O 元素组成,纯的 $g-C_3N_4$ 由 C、N 元素组成,少量的 O 元素可能是吸附的 O 分子。在 CNB_{150} 中,主要元素为 $g-C_3N_4$ 对应的 C 和

5 g-C₃N₄/BiPO₄ 可见光催化剂制备和活化硫酸盐反应体系降解水中有机污染物研究

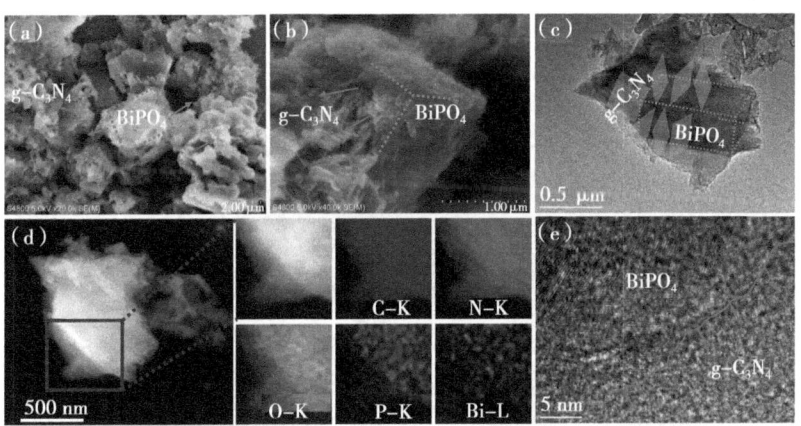

a-b 为 CNB₁₅₀ 催化剂的 SEM 图像，c 为 CNB₁₅₀ 催化剂的 TEM 图像，d 为对应的元素映射，e 为 CNB₁₅₀ 催化剂的 HR-TEM 图像

图 5.4 不同处理的图像

N（图 5.6 b-c），以及强度较低的 Bi 峰、P 峰和 O 峰（图 5.6 d-f），这是由于 CNB₁₅₀ 中 BiPO₄ 的质量百分比较低。利用高分辨率 XPS（HR-XPS）光谱进一步研究了元素价态和周围电子云密度。从图 5.6 b 和 c 可以看出，与纯 g-C₃N₄ 中的 C 1s 峰和 N 1s 峰相比，CNB₁₅₀ 中的 C 1s 和 N 1s 的结合能向高能方向移动约 0.1 eV。而与纯 BiPO₄ 相比，CNB₁₅₀ 中 Bi 4f 和 P 2p 的结合能向较低的能量方向移动约 0.1 eV（图 5.6 d 和 e）。上述现象反映出在 CNB₁₅₀ 催化剂中，g-C₃N₄ 周围的电子云密度降低，同时 BiPO₄ 周围的电子云密度增加。这说明 g-C₃N₄ 与 BiPO₄ 接触后，g-C₃N₄ 的电子密度向 BiPO₄ 迁移，从而形成内置电场。电子密度转移可能是由于 g-C₃N₄（较高）和 BiPO₄（较低）之间的费米能级的差异造成的。

紫外可见漫反射（DRS）测量结果表明，纯 g-C₃N₄ 和纯 BiPO₄ 分别在 600 nm 和 400 nm 表现出光吸收（图 5.7 a）。CNB₁₅₀ 的吸收

图 5.5 g-C_3N_4沿平行（1 和 2，慢）和垂直（3，快）方向在 $BiPO_4$纳米立方的平面上生长和扩展示意

带边接近纯 g-C_3N_4，但光吸收能力在 500~800 nm 范围内显示出明显的增强，这可能是由于在 CNB_{150}中存在 $BiPO_4$的影响，导致 g-C_3N_4在聚合过程中存在缺陷状态。以 [F（R）hν]$^{1/2}$为纵坐标，以 hν 为横轴绘制 Tauc 曲线（图 5.7 a 的内嵌图）。g-C_3N_4和 $BiPO_4$的带隙值由 Tauc 曲线的切线和横轴（y=0）的交点决定，分别为 2.70 eV 和 3.88 eV。Mott-Schottky 测试证实，g-C_3N_4和 $BiPO_4$的平带电势（图 5.7 b）即费米能级（E_f）分别为-0.12 eV 和 0.01 eV。

5　g–C₃N₄/BiPO₄ 可见光催化剂制备和活化硫酸盐反应体系降解水中有机污染物研究

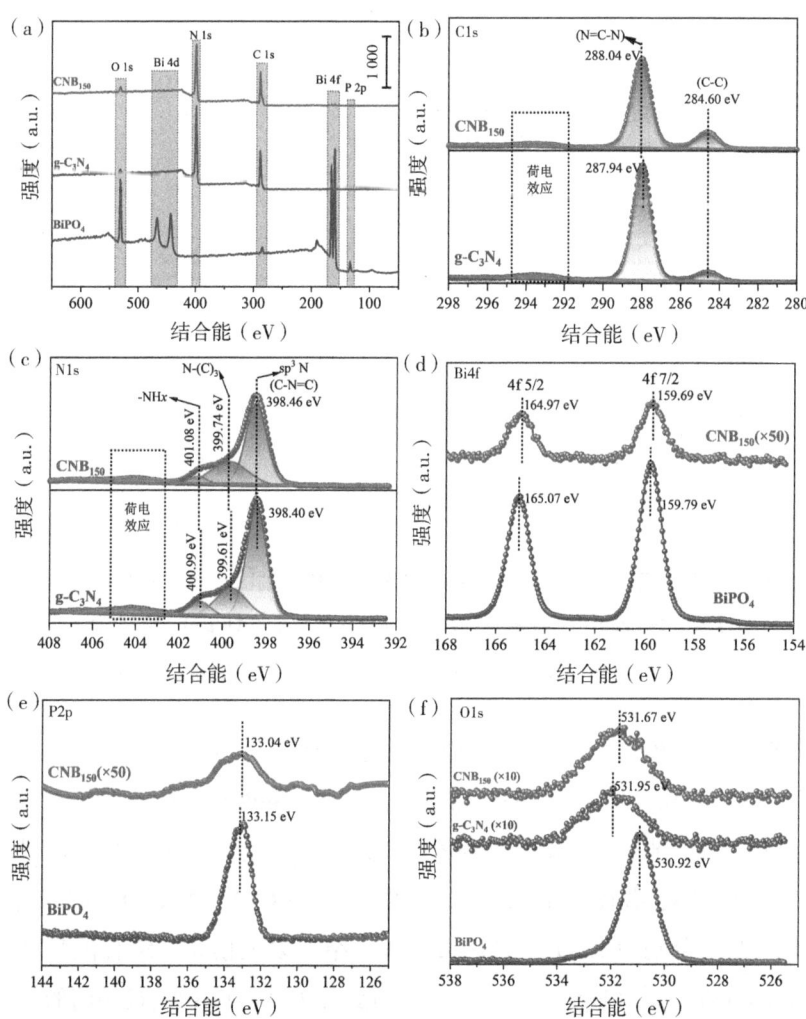

图 5.6　BiPO₄、g-C₃N₄ 和 CNB₁₅₀ 的 XPS 总谱（a）；C 1s（b），N 1s（c），Bi 4f（d），P 2p（e）和 O1s（f）的 HR-XPS 谱

这一结果与上述基于 HR-XPS 的电子密度迁移方向分析相一致。

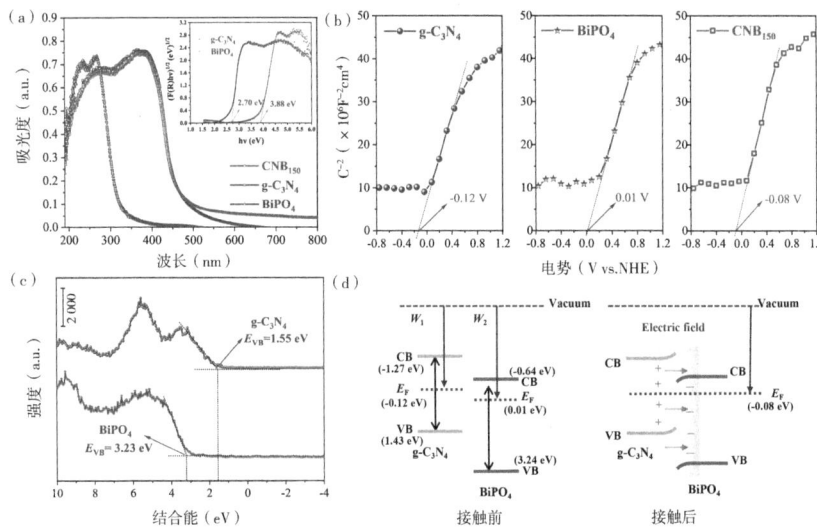

图 5.7 （a）不同催化剂的 UV-vis DRS 光谱和（插图）对应的 Tauc 曲线，（b）Mott-Schottky 曲线和（c）XPS-VB 能谱，（d）g-C$_3$N$_4$/BiPO$_4$ 与 BiPO$_4$ 界面接触前（左）和接触后（右）的能带结构图

CNB$_{150}$ 的 E_f 值（-0.08 eV）介于上述两种催化剂之间，这正是由于 g-C$_3$N$_4$ 和 BiPO$_4$ 之间的界面电位差有助于界面接触后的电子密度定向迁移，直到 g-C$_3$N$_4$ 和 BiPO$_4$ 的费米电位差被平衡为止。通过 XPS 价带能谱图（图 5.7 c）可知，g-C$_3$N$_4$ 和 BiPO$_4$ 的 E_{VB}（vs. E_f）分别为 1.55 eV 和 3.23 eV。结合以上信息，结合能带之间的计算关系（E 5.7 至 E 5.8），得到 g-C$_3$N$_4$ 与 BiPO$_4$ 接触前的能带结构图，如图 5.7 d（左）所示。在 CNB$_{150}$ 中，g-C$_3$N$_4$ 和 BiPO$_4$ 接触后的能带位置如图 5.7 d（右）所示。

$$E_{VB} = E_{VB}(vs. E_f) - E_f \qquad (E 5.7)$$

$$E_{CB} = E_g - E_{VB} \qquad (E 5.8)$$

5.3.2　硫酸盐存在下有机污染物的光催化降解

在硫酸盐存在条件下，使用氙灯模拟太阳光照射，对几种有机污染物进行光催化降解，如图5.8所示。首先，研究了g-C_3N_4、$BiPO_4$和不同CNBx催化剂对BPA的降解性能（图5.8 a-b）。结果表明，纯g-C_3N_4可在90 min内去除78.0%的BPA，表观降解速率为0.016 min^{-1}。然而，纯$BiPO_4$纳米立方体的降解速度很慢，仅为0.00027 min^{-1}。这是由于$BiPO_4$仅在较窄的紫外区范围内吸收光子能量，而模拟太阳光的氙灯光谱中紫外能量只占不到5%，这使得$BiPO_4$很难实现其催化潜力。CNBx表现出比单独g-C_3N_4更好的催化降解性能，在反应90 min后，CNB_{20}、CNB_{60}、CNB_{100}、CNB_{150}和CNB_{200}对BPA的降解率分别提高到84.1%、90.0%、91.7%、93.9%和91.7%。CNB_{150}催化剂表现出最好的催化能力，光催化降解BPA的反应动力学速率常数为0.030 min^{-1}。以上结果说明适当的$BiPO_4$含量对CNBx催化剂的活性有促进作用，其原因在于在低质量比范围内增加$BiPO_4$含量有利于提高CNBx的吸光能力，增加g-C_3N_4与$BiPO_4$的界面相互作用，从而促进电荷转移。但$BiPO_4$固有的禁带限制了CNBx的光吸收性能，过多的$BiPO_4$会削弱界面电荷分离的正效应。因此，随着$BiPO_4$含量从0增加到9.99%，CNBx催化剂的整体催化活性逐渐达到最大值，当$BiPO_4$所占比例大于9.99%后则导致光活性下降。此外，将CNB_{150}催化剂进行回收循环利用，考察其对BPA的光催化降解能力，如图5.8 c所示，发现6次循环后反应90 min时对BPA的降解率仍保持在90.9%以上，表明CNB_{150}催化剂具有良好的稳定性和可重复性。在光照条件下，CNB_{150}在硫酸盐存在下对于不同有机污染物都表现出良好的降解性能。经过90 min的光催化反应，对4-CP、SMX、CIP和布洛芬的降解率分别达到100%、99.6%、96.8%和80.2%（图5.8 d）；反应动力学速率常数分别为 0.14 min^{-1}、0.059 min^{-1}、0.038 min^{-1} 和 0.017 min^{-1}（图 5.8 e）。如图 5.8 f 所示，CNB_{150} 活化硫酸盐体系对 BPA、4-CP、SMX、CIP 和 Ibuprofen 的 TOC 去除率分别为 26.7%、34.2%、20.5%、16.2% 和 23.5%，与第 4 章相比矿化率较低，这是因为硫酸根离子比 PMS 更难活化，短时间内产生的活性物种较少，故有机污染物先反应生成中间产物，后续需要较长时间才能被逐渐分解。

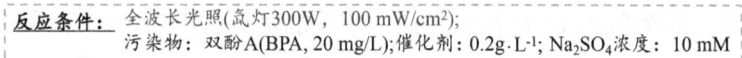

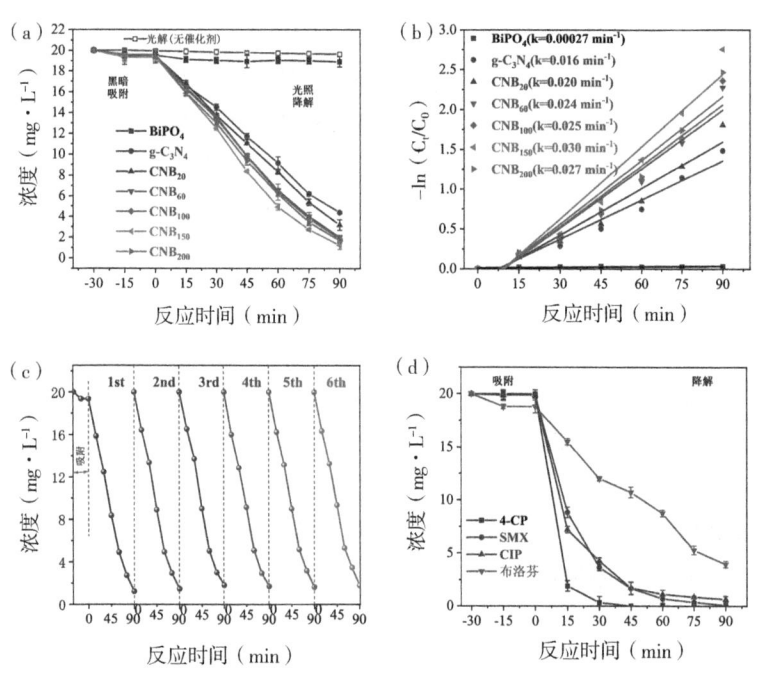

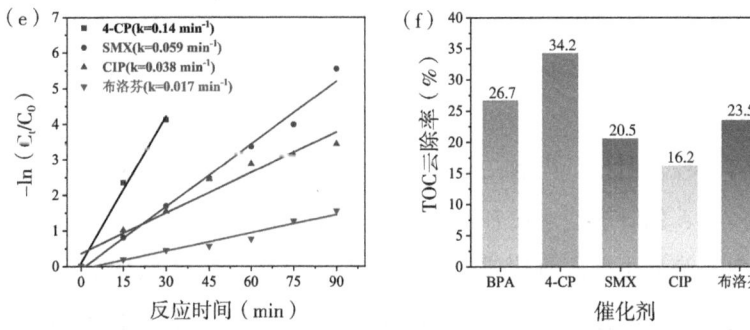

图5.8 不同催化剂对BPA的（a）光催化降解过程和（b）降解速率常数分析，（c）CNB_{150}催化剂经过数次回收循环对BPA的降解情况，以及CNB_{150}催化剂对不同有机污染物（4-CP、SMX、CIP、布洛芬）的（d）光催化降解过程、（e）降解速率常数分析和（f）TOC去除率分析

注：实验条件为光强100 mW·cm^{-2}，C_0（有机污染物）= 20 mg·L^{-1}，

$C(SO_4^{2-})$ = 10 mM，室温。

图5.9 a-b研究了催化剂添加剂量对BPA降解的影响。在较低浓度范围内，CNB_{150}的添加量对BPA的降解率有显著提高作用。当CNB_{150}浓度为0.05 g/L、0.1 g/L和0.2 g/L时，降解速率分别为0.0063 min^{-1}、0.012 min^{-1}和0.030 min^{-1}；但当CNB_{150}浓度继续增加到0.4 g/L时，降解速率提高效果减缓，仅从0.030 min^{-1}上升到0.034 min^{-1}。其原因是当催化剂浓度较低时，随着催化剂分子量的增加，可以提供更多的催化活性中心；但当催化剂浓度过高时，悬浮体系浊度增大，影响光照的入射深度，使反应器底部的催化剂难以被激发，对有机污染物的降解效率接近上限。

为了分析CNB_{150}催化剂在光照条件下对硫酸盐的激活作用以及硫酸盐含量对BPA降解效果的影响，实验设置了0~40 mM的Na_2SO_4浓度梯度（图5.9 c-d）。在不添加Na_2SO_4的情况下，BPA的降解速率常数为 0.020 min^{-1}，这主要归功于 CNB_{150} 光催化的贡献。当 Na_2SO_4 浓度依次增加到 1 mM、4 mM、7 mM 和 10 mM 时，对 BPA 的降解速率分别上升到 0.21 min^{-1}、0.23 min^{-1}、0.26 min^{-1} 和 0.030 min^{-1}，其中，添加 10 mM Na_2SO_4 的条件下比无硫酸盐体系高出 50%。但是，当 Na_2SO_4 浓度由 10 mM 增加到 20 mM 和 40 mM 时，BPA 的降解速率没有继续提高，均保持在 0.28 min^{-1}。这是因为 SO_4^{2-} 被光生空穴氧化成 $SO_4^-\cdot$ 自由基，$SO_4^-\cdot$ 发挥氧化降解 BPA 的作用后又恢复到 SO_4^{2-} 离子的状态，循环往复，故在催化剂不变的情况下，过量的 Na_2SO_4 添加对进一步提高 BPA 的降解效率并没有很好的促进作用。

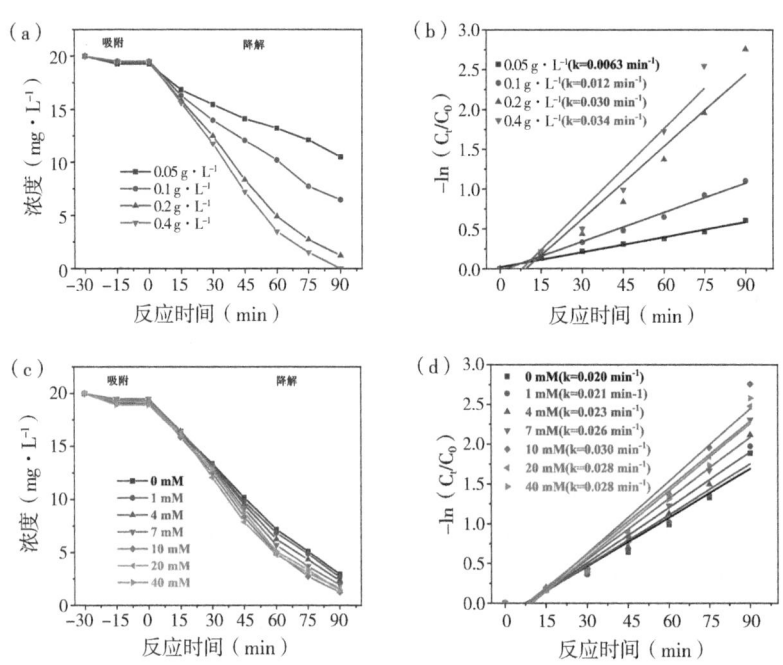

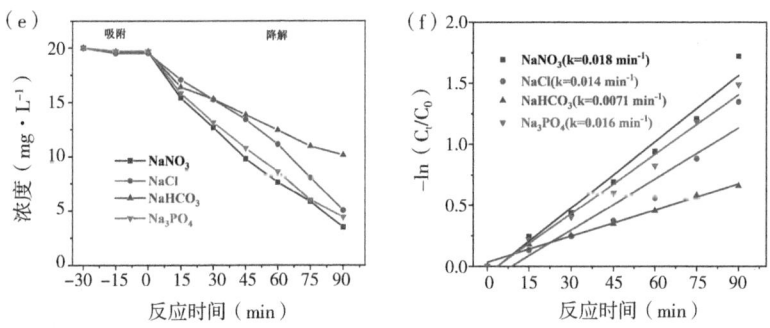

图 5.9 CNB$_{150}$ 催化剂在（a-b）不同催化剂剂量、（c-d）不同 SO$_4^{2-}$ 浓度和（e-f）其他不同阴离子影响下的光催化降解过程及降解速率常数分析

为了确定 SO$_4^-$·自由基的贡献，引入了其他不同阴离子的钠盐，如 NaNO$_3$、Na$_3$PO$_3$、NaCl、NaHCO$_3$，并考察了它们对 BPA 降解的影响（图 5.9 e-f）。与 Na$_2$SO$_4$ 的促进作用相比，这些盐的添加反而小幅度降低了 BPA 的降解速率。到目前为止，还没有证据表明 NaNO$_3$ 和 Na$_3$PO$_3$ 形成了活性成分，因此，对反应的抑制作用较弱，其 BPA 降解速率常数分别为 0.018 min^{-1} 和 0.016 min^{-1}。加入 NaCl 后，BPA 的降解率下降到 0.14 min^{-1}，这是 Cl$^-$ 可以与不同的氧化活性物质反应所致（E 5.9 至 E 5.13）。反应生成的氧化物质的标准氧化还原电位为 +2.5 ~ +3.1V（SO$_4^-$·/SO$_4^{2-}$）、+1.8 ~ +2.7 V（·OH/H$_2$O）、+2.41 V（Cl·/Cl$^-$）、+2.0 V（Cl$_2$·$^-$/2Cl$^-$）和 +1.48 V（HOCl/Cl$^-$）。显然，Cl·、Cl$_2$·$^-$ 和 HOCl 的氧化能力较 SO$_4^-$· 和 ·OH 相对较弱。因此，Cl$^-$ 的存在会降低反应体系的自由基利用率和整体氧化能力。HCO$_3^-$ 对 BPA 光催化分解的抑制作用最大，其反应速率常数为 0.0071 min^{-1}。这在很大程度上是因为 HCO$_3^-$ 是一种有效的 ·OH 自由基清除剂（如 E 5.14 至 E 5.15

所示），它的存在往往是高级氧化技术在实际应用中的主要缺点之一。从以上实验结果可以推断，BPA 的降解增强可能是由于 CNBx 催化硫酸盐活化过程中产生的 $SO_4^-\cdot$ 自由基的作用。

$$Cl^- + h^+ \rightarrow Cl\cdot \quad \quad (E\ 5.9)$$

$$Cl^- + \cdot OH \rightarrow Cl\cdot + OH^- \quad \quad (E\ 5.10)$$

$$Cl^- + Cl\cdot \rightarrow Cl_2\cdot^- \quad \quad (E\ 5.11)$$

$$Cl_2\cdot^- + Cl_2\cdot^- \rightarrow Cl_2 + 2Cl^- \quad \quad (E\ 5.12)$$

$$Cl_2 + H_2O \rightarrow HOCl \quad \quad (E\ 5.13)$$

$$HCO_3^- + \cdot OH \rightarrow HCO_3\cdot + OH^- \quad \quad (E\ 5.14)$$

$$HCO_3\cdot \rightarrow CO_3\cdot^- + H^+ \quad \quad (E\ 5.15)$$

5.3.3　g-C_3N_4/$BiPO_4$光催化活化硫酸盐的机理

对 g-C_3N_4/$BiPO_4$ Z 体系催化剂的光催化硫酸盐活化机理从两方面进行讨论：一是光致载流子在 g-C_3N_4/$BiPO_4$ 催化剂中的产生和迁移过程；二是光催化原位活化硫酸盐体系中自由基的类型和贡献。

由图 5.10 a 可知，$BiPO_4$ 的光电流密度小于 0.5 $\mu A\cdot cm^{-2}$，g-C_3N_4 的光电流密度约为 1.0 $\mu A\cdot cm^{-2}$。CNB_{150} 的光电流密度约为 6.5 $\mu A\cdot cm^{-2}$，是 g-C_3N_4 的 6.5 倍，说明在异质结界面处的内建电场大大提高了光生电子的迁移速率，这也与图 5.8 a 中不同催化剂的降解能力相一致。从图 5.10 b 的 EIS-Nyquist 图可以看出，相比黑暗环境，在光照条件下所有催化剂的阻抗值都有所降低，其中，CNB_{150} 的电荷传递阻力降低幅度最大，这与光电流测量的结果一致。$BiPO_4$ 的阻抗变化不明显，这是由于材料固有带隙的限制，光照对其电荷传递阻力影响不大。光致发光光谱表明，CNB_{150} 的荧光强度远低于纯 g-C_3N_4 的荧光强度（图 5.10 c）。因为光激发的电子-空穴对在

5 g-C₃N₄/BiPO₄ 可见光催化剂制备和活化硫酸盐反应体系降解水中有机污染物研究

纯 g-C$_3$N$_4$ 中容易发生复合，自淬灭的同时在 440~450 nm 产生一定强度的荧光。在 CNBx 中，g-C$_3$N$_4$ 与 BiPO$_4$ 之间形成界面接触。由于内建电场的驱动，光生载流子发生有序转移，导致荧光强度降低。进一步研究 CNB$_{150}$ 在 441 nm 处的 TRPL 瞬态光谱（图 5.10 d），根据用重卷积拟合方法对 TRPL 瞬态谱进行拟合得到的拟合结果和参数（表 5.2）可知，CNB$_{150}$ 的平均载流子寿命为 3.13 ns，略短于 g-C$_3$N$_4$（3.40 ns）。结果表明，CNB$_{150}$ 催化剂中存在的 Z 型异质结使 g-C$_3$N$_4$ 与 BiPO$_4$ 之间的载子迁移速度快于纯 g-C$_3$N$_4$ 内部的载流子重组速度。

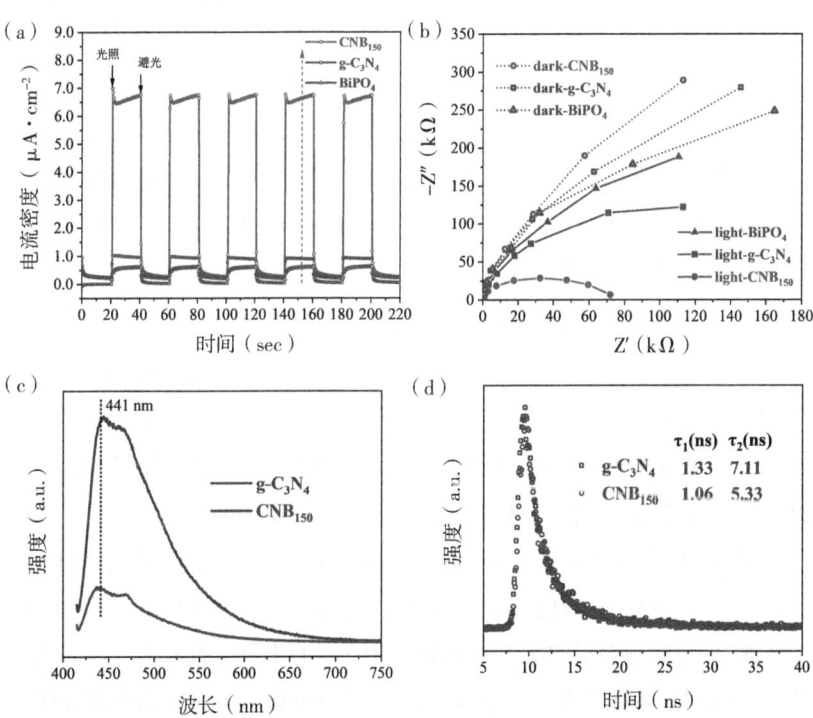

图 5.10 （a）BiPO$_4$、g-C$_3$N$_4$ 和 CNB$_{150}$ 催化剂的光电流密度和（b）EIS-Nyquist 图，（c）g-C$_3$N$_4$ 和 CNB$_{150}$ 催化剂的 PL 和（d）TRPL 谱

表5.2 用重卷积拟合方法对 TRPL 瞬态谱进行拟合得到的拟合结果和参数

样本	τ_1	B_1	τ_2	B_2	δ	A	χ^2	$<\tau>$
$g-C_3N_4$	1.33	0.115	7.11	0.012	0.096	1.48	1.12	3.40
CNB_{150}	1.06	0.117	5.33	0.022	-0.015	1.23	1.07	3.13

在光催化活化硫酸盐降解有机污染物的过程中，有3种可能的途径，包括：价带空穴的直接氧化；活性物种（如·OH、·O_2^-和$^1O_2$）的间接氧化；通过硫酸盐活化得到的SO_4^-·自由基的间接氧化。为了确定体系中自由基的类型及其各自的贡献，进行了自由基淬灭实验和 EPR 测试。

首先选择不同类型的特异性探针清除剂进行实验，分别是甲醇、叔丁醇（t-BuOH）、对苯醌（p-BQ）、草酸铵和L-组氨酸。甲醇对SO_4^-·和·OH 自由基的淬灭反应活性相似，反应速率常数分别为 $9.7×10^8$ $M^{-1}·s^{-1}$ 和 $1.0×10^7$ $M^{-1}·s^{-1}$。而 t-BuOH 对·OH 自由基的淬灭选择性更强，其反应速率常数（$3.8～7.6×10^8$ $M^{-1}·s^{-1}$）比 SO_4^-·自由基淬灭反应速率常数（$4.0～9.1×10^5$ $M^{-1}·s^{-1}$）大3个数量级。此外，p-BQ 常被用作·O_2^-的清除剂，草酸铵是常用的空穴捕获剂，L-组氨酸能特异性淬灭以非自由基形式存在的$^1O_2$。结果表明，上述清除剂的加入均抑制了CNB_{150}对 BPA 的降解（图5.11 a），其反应速率从高到低依次为 t-BuOH（0.019 min^{-1}）>甲醇（0.011 min^{-1}）>草酸铵（0.0063 min^{-1}）= L-组氨酸（0.0063 min^{-1}）> p-BQ（0.0012 min^{-1}）（图5.11 b）。t-BuOH 淬灭反应对 BPA 降解的抑制效果也表明水氧化产生的·OH 自由基起到了关键作用；t-BuOH 与甲醇淬灭对于降解率影响的差异为SO_4^-·自由基的存在提供了初步的验证，其可通过直接空穴氧化或间接·OH氧化的单电子转移过程产生。以草酸铵为淬灭剂时，BPA 的降解率降低到

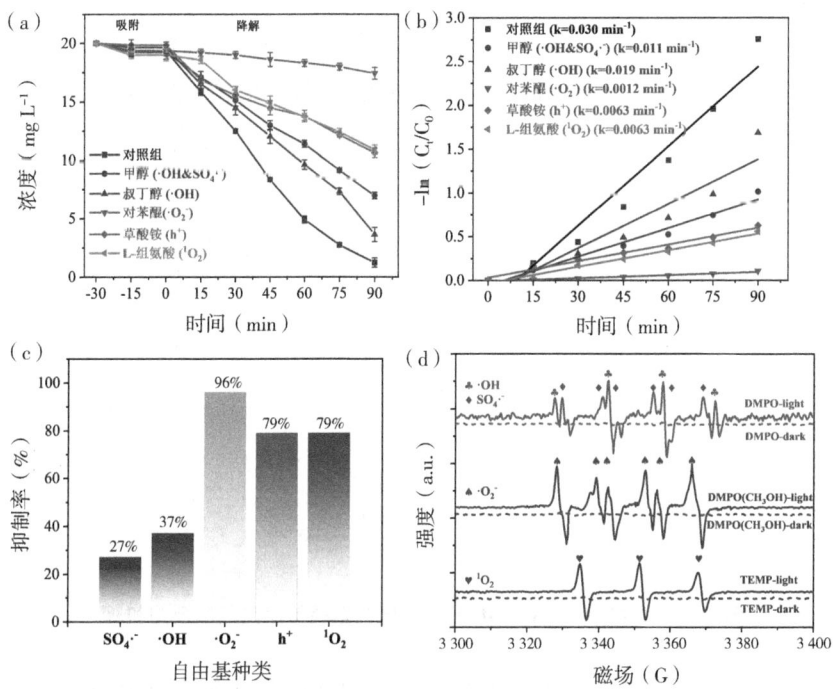

图 5.11 （a）自由基淬灭实验中降解效率，（b）反应速率和（c）不同活性物种对 BPA 降解的贡献，（d）CNB_{150} 催化剂光催化活性硫酸盐体系的 EPR 研究

$0.0063\ min^{-1}$，表明价带空穴不仅氧化 SO_4^{2-} 和 H_2O 生成自由基 $SO_4^{-}\cdot$ 和 $\cdot OH$，还有助于污染物的直接降解。此外，导带电子转移产生的 $\cdot O_2^{-}$ 自由基和单线态氧在反应过程中对于 BPA 的降解也有重要贡献（图 5.11 c），这表明，$g-C_3N_4$ 的导带在 Z-Scheme CNB_{150} 中保持了原本的高电子还原能力。

采用 DMPO 和 TEMP 作为捕获剂进行 EPR 测试，如图 5.11 d 所示。在没有光照条件的情况下，实验中均未观察到相关活性物种的 EPR 特征峰。在氙灯照射下，可以检测到峰值强度为 1∶2∶2∶1 的四重谱线，这是 DMPO-·OH 加合物的特征峰；同时也观察到 DMPO-SO_4^-·加合物的弱特征峰，为 SO_4^-·自由基的形成提供了直接证据。此外，还观察到 DMPO-·O_2^- 和 TEMP-$^1O_2$ 的特征峰，表明活性物质 SO_4^-·、·OH、·O_2^- 和 $^1O_2$ 均促进了 CNBx 光催化硫酸盐体系对 BPA 的降解。

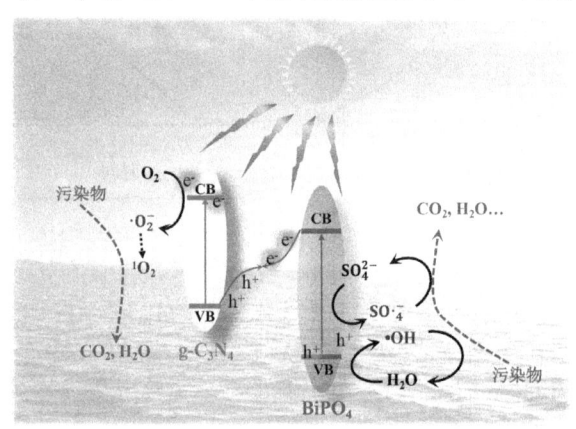

图 5.12 Z 型 $g-C_3N_4$/$BiPO_4$ 光催化剂电荷转移路径和反应机理

基于以上实验结果，分析 $g-C_3N_4$/$BiPO_4$ 催化剂在光照条件下原位活化硫酸根离子等小分子的反应机理，如图 5.12 所示。由于 $BiPO_4$ 和 $g-C_3N_4$ 之间形成 Z 型异质结，$BiPO_4$ 价带空穴的高氧化能力和 $g-C_3N_4$ 导带电子的高还原能力得以保持，同时同步加速电荷分离和转移。价带空穴氧化 SO_4^{2-} 和 H_2O 生成 SO_4^-· 和 ·OH，导带电子激活溶解 O_2 生成 ·O_2^- 和 $^1O_2$。这些氧化活性物质被用来协同降解水中的有机污染物。在整个过程中，只使用清洁的可再生能源和物质，如太阳能、废水中原有的 H_2O、溶解的 O_2 和硫酸根离子，而不添加任何昂贵的氧化剂。

5.3.4　BPA 的降解中间体鉴定及降解路径分析

通过对 LC-MS 结果的分析（图 5.13），可以发现 BPA 降解的

中间产物为 $C_9H_{10}O$ (A)、$C_8H_8O_2$ (B)、$C_6H_6O_2$ (C)、$C_4H_4O_4$ (D)、$C_{15}H_{16}O$ (E)、$C_9H_{10}O_2$ (H)、$C_8H_8O_3$ (I),其化学信息如表 5.3 所示。其中产物 A、B、C、H、I 为单环苯环结构,产物 D 为环裂解后的结构,产物 E、F、G 为双环结构。

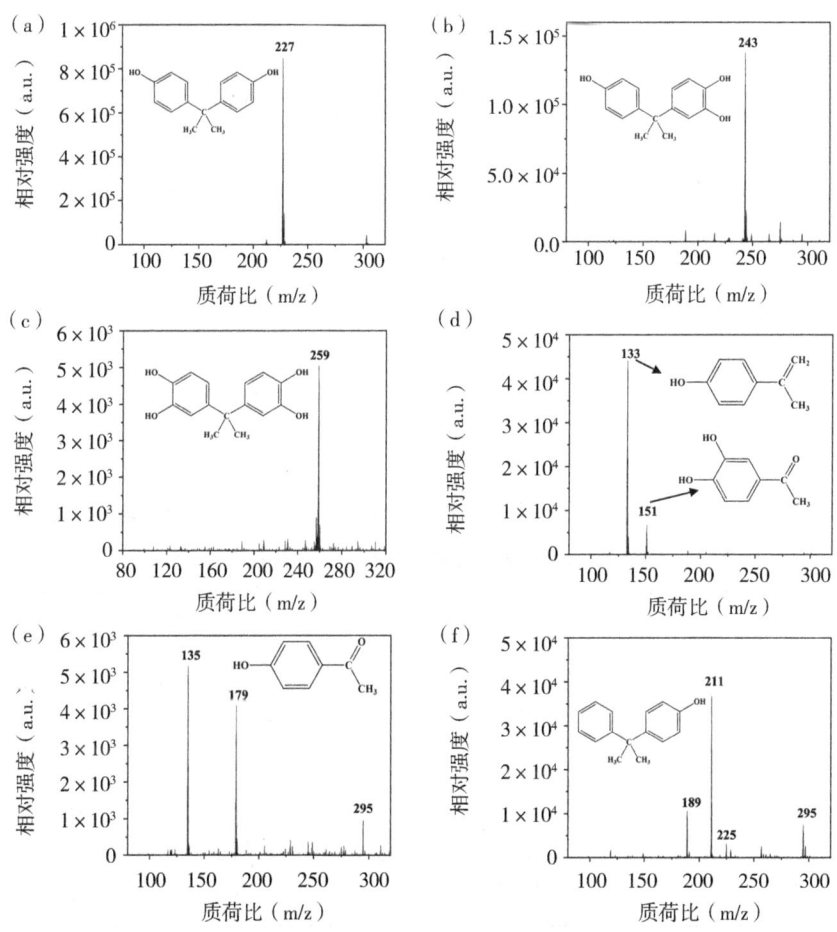

图 5.13 (a) 双酚 A 和 (b-i) 降解中间产物的质谱图和可能的结构

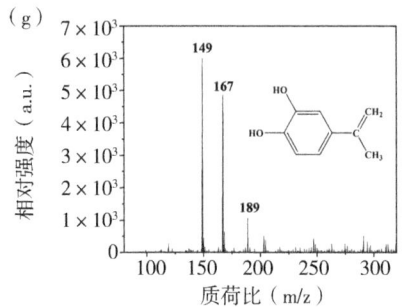
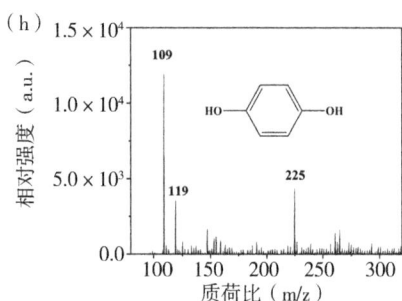
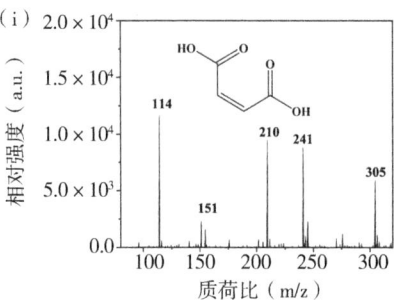

图 5.13 （a）双酚 A 和（b-i）降解中间产物的质谱图和可能的结构（续）

表 5.3 BPA 降解过程中可能中间体的信息总结

产物	分子式	化学名	m/z	化学结构
BPA	$C_{15}H_{16}O_2$	Bisphenol A	227	
A	$C_9H_{10}O$	4-(prop-1-en-2-yl)phenol	133	

5 g–C₃N₄/BiPO₄ 可见光催化剂制备和活化硫酸盐反应体系降解水中有机污染物研究

(续表)

产物	分子式	化学名	m/z	化学结构
B	$C_8H_8O_2$	1-(4-hydroxyphenyl)ethan-1-one	135	
C	$C_6H_6O_2$	hydroquinone	109	
D	$C_4H_4O_4$	maleic acid	114	
E	$C_{15}H_{16}O$	4-(2-phenylpropan-2-yl)phenol	211	
F	$C_{15}H_{16}O_3$	4-(2-(4-hydroxyphenyl)propan-2-yl)benzene-1,2-diol	243	
G	$C_{15}H_{16}O_4$	4,4'-(propane-2,2-diyl)bis(benzene-1,2-diol)	259	

(续表)

产物	分子式	化学名	m/z	化学结构
H	$C_9H_{10}O_2$	4-(prop-1-en-2-yl)benzene-1,2-diol	149	
I	$C_8H_8O_3$	1-(3,4-dihydroxyphenyl)ethan-1-one	151	

为了研究双酚 A 的分解机理和中间产物的形成过程，采用 FMOs 理论和 Fukui 函数预测双酚 A 降解过程中双酚 A 和其中间产物可能被活性物质攻击的位点。根据 FMOs 理论，BPA 的 HOMO 和 LUMO 位于芳香环上（图 5.14 a-b），表明它既可以被亲电试剂攻击，也可以被亲核试剂攻击。根据 Fukui 函数计算（附录表 A2），C^1 和 C^{15} 在 BPA 分子中具有最高的 f^0 值，容易受到自由基的攻击；羟基化后，依次生成 $C_{15}H_{16}O_3$（产物 F）和 $C_{15}H_{16}O_4$（产物 G）。C^6 和 C^{19} 的 f^- 值最高，易被亲电试剂攻击；经脱羟基反应生成 $C_{15}H_{16}O$（产物 E）。此外，通过计算键序值预测了双酚 A 最有可能发生 C-C 键断裂的位置。图 5.14 c 为 BPA 结构中 C-C 键的 WBO、FBO 和 LBO 的变化。可以看出，C^3-C^{11}（7 号键）和 $C^{12}-C^{11}$（8 号键）的键序值最小、键能最弱（图 5.14 d），说明它们在受到活性物质的攻击后最容易断裂，从而形成中间产物 $C_9H_{10}O$（产物 A）和 $C_6H_6O_2$（产物 C）。其他中间体的 DFT 计算包括 HOMO 和 LUMO 结构（附录表 A1）、键序变化（图 5.15）以及 Fukui 函数计算值（附录表 A3-A11）也反映了其各自易受活性物种攻击的响应位点

和 C-C 键可能发生裂解的位置。

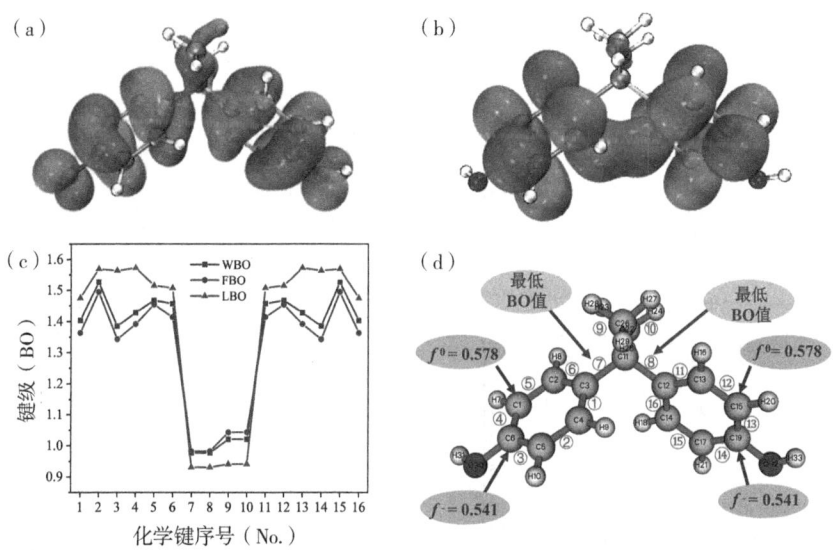

图 5.14 双酚 A 分子的 (a) HOMO 和 (b) LUMO 的结构式，
(c) 双酚 A 分子的键序，(d) 由 Fukui 函数和键序计算的
双酚 A 可能的反应位点示意

结合 LC-MS 检测到的中间产物和 DFT 的理论计算，推测本研究主要有 3 种 BPA 降解途径，如图 5.16 所示。

途径Ⅰ：首先，·OH 和 h^+ 可以攻击 C^3-C^{11} 和 C^{12}-C^{11} 键，生成产物 A 和产物 C。产物 A 被 ·O_2^- 和 $^1O_2$ 氧化形成产品 B。随后，产物 B 又进一步被氧化为产物 C，并继续被各种自由基攻击，导致开环作用产生产物 D。

途径Ⅱ：起始反应是 SO_4^-· 对 BPA 分子的 C^6 或 C^{19}（羟基碳）进行亲电攻击，导致 BPA 发生去羟基化，产生产物 E。产物 E 经过 C-C 键断裂的过程后，生成产物 A 和产物 C。后续过

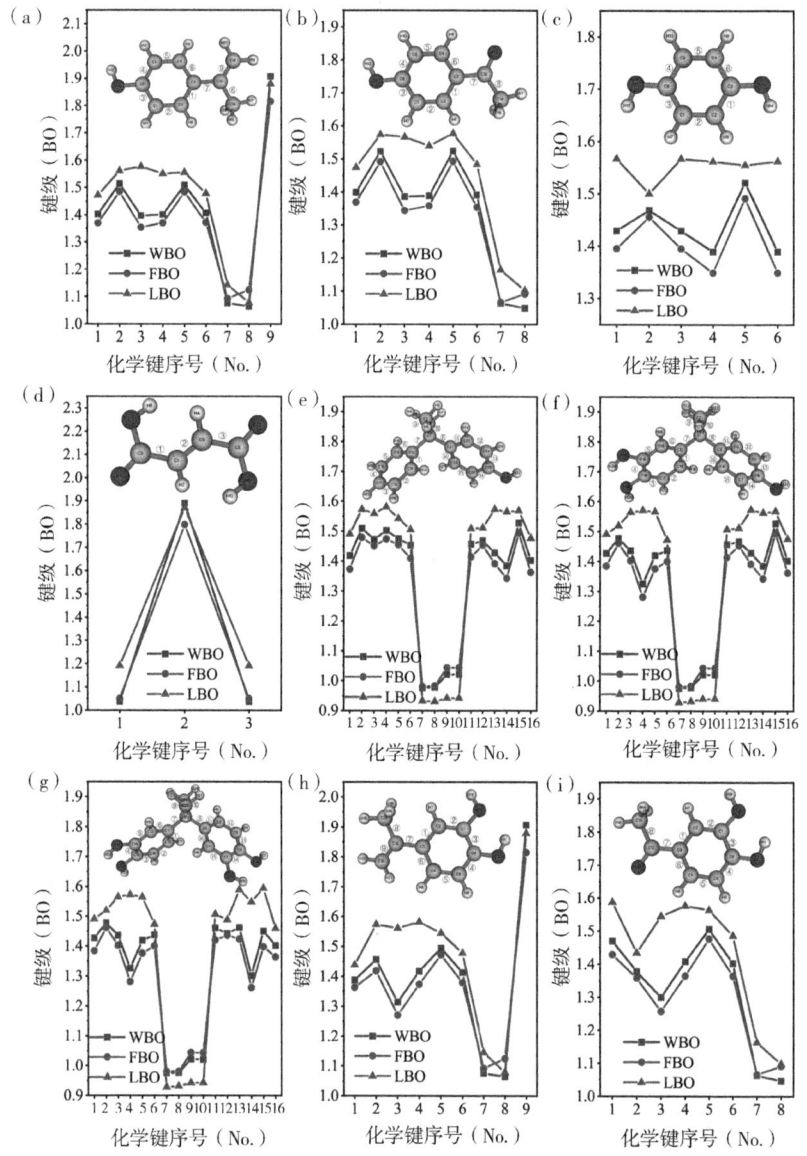

图 5.15 （a-i）不同中间产物（A-I）的键序

5 g-C₃N₄/BiPO₄可见光催化剂制备和活化硫酸盐反应体系降解水中有机污染物研究

程与途径Ⅰ相同。

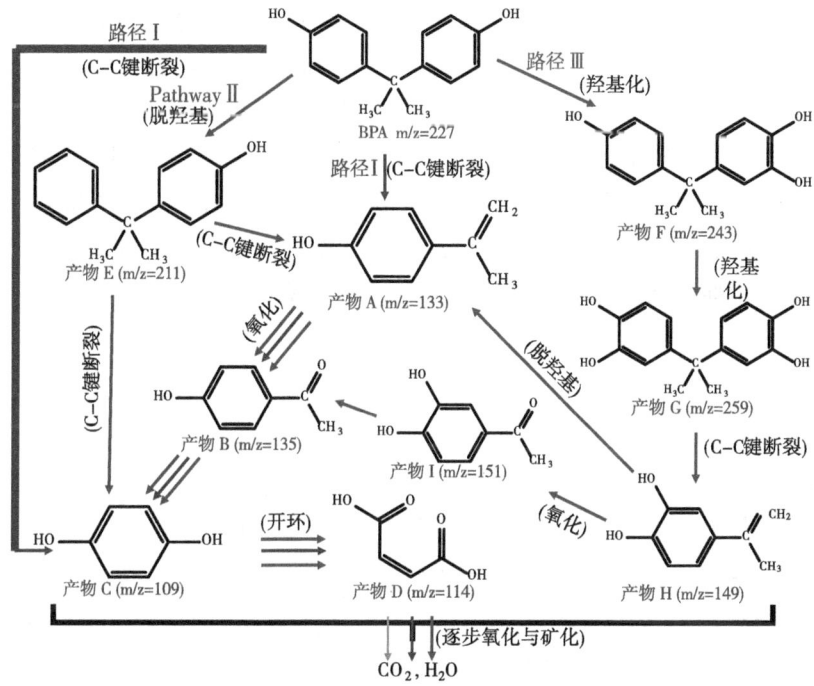

图 5.16 g-C₃N₄/BiPO₄光催化体系中双酚 A 的光催化降解途径

途径Ⅲ：首先，·OH 攻击 BPA 的 C^1 和 C^{15} 位点，诱导羟基化反应生成产物 F，并进一步羟基化反应生成产物 G。产物 G 经过 C-C 键裂解反应得到产物 H。然后产物 H 可以被 SO_4^-·亲电攻击，脱羟基生成产物 A；也可以先被氧化生成产物 I，再脱羟基生成产物 B。产物 A 和产物 B 后续的降解过程与路径Ⅰ相同。

通过这些降解路径，BPA 将逐渐被氧化至生成低毒或无毒无害的小分子。

5.3.5 BPA 降解中间产物的毒性评估

急性毒性是评价污染物毒性的基本指标。图 5.17 a 为 BPA 及其中间产物的急性毒性,其表现为大型蚤的半数致死浓度(LC_{50}-48h)。一般情况下,LC_{50} 值越高,毒性越低。可以看出,BPA 的 LC_{50} 值为 1.73 mg·L^{-1},属于"中毒性"范畴。除产物 G 外,其他中间产物的 LC_{50} 值逐渐升高,毒性逐渐降低。特别是由于产物 B、C、D 被活性物质进一步氧化,其急性毒性大大降低,属于"低毒"范畴。从图 5.17 b 的结果可以看出,除产物 E 外,其余中间

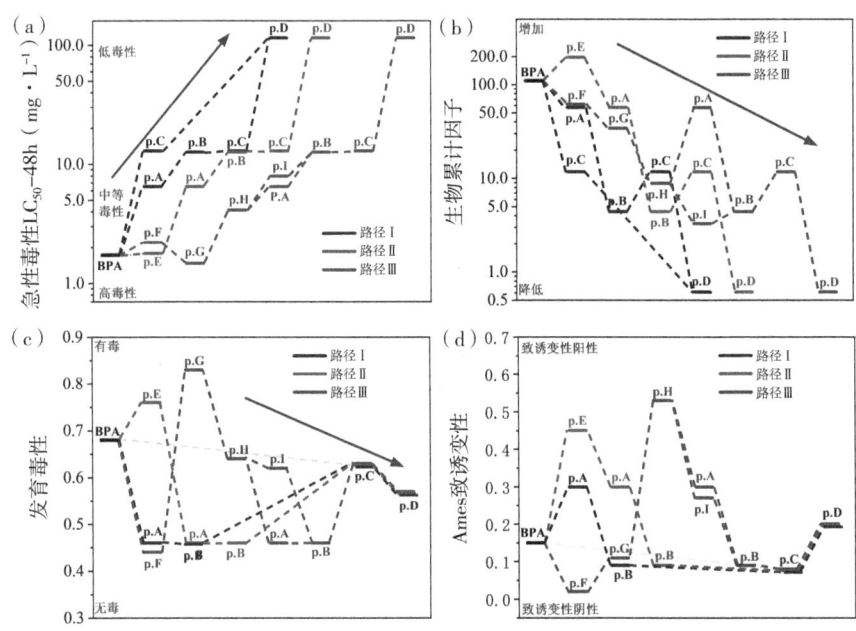

图 5.17 g-C_3N_4/$BiPO_4$ 光催化体系中 BPA 及其降解中间体的
(a) 大型蚤 LC_{50}-48 h 的急性毒性,(b) 生物积累因子,
(c) 发育毒性和 (d) Ames 致突变性

体的生物积累因子均低于 BPA，呈现出由"增加"到"减少"的趋势，说明 Z 型 $g-C_3N_4/BiPO_4$ 光催化体系中有机中间体的生物积累效应降低。图 5.17 c 描述了 BPA 及其中间体的发育毒性变化。产物 E 和产物 G 的发育毒性高于 BPA，但随着后续氧化，产物逐渐"无毒"。结果表明，本研究中 BPA 的整体降解过程是一个环境友好过程，各种活性自由基物种在无毒中间体的形成中发挥了重要作用。从图 5.17 d 可以看出，BPA 和中间体均具有负诱变性，说明 $g-C_3N_4/BiPO_4$ 光催化体系对双酚 A 的诱变作用影响不大。以上毒性指标表明，$g-C_3N_4/BiPO_4$ 光催化体系能够实现对 BPA 的逐步解毒。当然，这些中间体的进一步高效矿化对于改善水质和生态安全仍是必要的。

5.4　本章小结

本章采用热聚合方法成功制备了 Z 型 $g-C_3N_4/BiPO_4$ 光催化剂，并探究了其对硫酸根离子的活化能力，以及在不同对照条件下对有机污染物的催化降解性能，得到结论如下。

（1）采用 SEM 和 HRTEM 对催化剂的微观结构进行观察，发现在 CNB_{150} 中 $BiPO_4$ 纳米立方体分散地嵌入到 $g-C_3N_4$ 层，两者存在清晰的界面接触。由于 $g-C_3N_4$ 在垂直于 $BiPO_4$ 表面的方向生长延伸，$BiPO_4$ 表面只是部分地被 $g-C_3N_4$ 包覆，这保证了 $BiPO_4$ 纳米立方体和 $g-C_3N_4$ 都能暴露在光照下，被光激发产生电子和空穴。通过 XPS 分析接触前后 $BiPO_4$ 和 $g-C_3N_4$ 中元素的结合能变化，说明在 $g-C_3N_4/BiPO_4$ 结构中可实现 $BiPO_4$ 向 $g-C_3N_4$ 的快速电子注入。再结合对催化剂的能带结构位置分析，证明 $g-C_3N_4/BiPO_4$ 催化剂存在 Z 型电荷传递路径。

（2）实验研究发现 $g-C_3N_4/BiPO_4$ 催化剂光催化活化硫酸盐体

系能够有效降解多种有机污染物，90 min 内对 BPA、4-CP、SMX、CIP 和 Ibuprofen 的降解率分别达到 93.9%、100%、99.6%、96.8% 和 80.2%。光电流分析表明在构建 $g-C_3N_4/BiPO_4$ Z 型异质结后，CNB_{150} 催化剂的可利用光生电子量相比单独 $g-C_3N_4$ 提升 6.5 倍。电化学交流阻抗测试发现 CNB_{150} 的电荷传递阻力在光照条件下明显下降。机理研究表明该体系存在硫酸根自由基、羟基、超氧自由基、单线态氧和光生空穴等多种活性物质对污染物降解过程起作用。

（3）使用 LC-MS 分析了 BPA 的降解中间产物，结合实验结果以及 DFT 计算中的 FMOs 理论和 Fukui 函数详细分析了污染物的降解路径。利用毒性评估软件工具（T.E.S.T），对降解中间产物进行急性毒性、生物累积因子、发育毒性和致突变性等毒性分析，发现各毒性指标的降低，进一步证明了 Z 型 $g-C_3N_4/BiPO_4$ 光催化活化硫酸盐体系是一个环境友好的有机污染物降解过程。

6 结论与展望

6.1 结论

本论文以提高光催化技术对水中有机污染物的降解效率为目标,从增强光生电荷分离性能和调控光生载流子反应路径两方面出发,基于 $g-C_3N_4$ 材料进行新型光催化剂的设计和光催化耦合硫酸根自由基体系的构建,围绕催化剂制备与表征、催化降解性能和催化反应机理等方面进行深入研究,得到如下结论:

(1)采用蒸发诱导自组装法制备了 $Ti_3C_2/g-C_3N_4$ 复合光催化剂。在 $Ti_3C_2/g-C_3N_4$ 中,二维 $g-C_3N_4$ 和 Ti_3C_2 纳米片之间成功形成了肖特基异质结,降低了 $g-C_3N_4$ 光生电子-空穴对的复合率,提高了光生电荷分离和迁移性能。$Ti_3C_2/g-C_3N_4$ 的 DRS 光吸收边为 515 nm,可见光吸收能力强于 $g-C_3N_4$ NS(吸收边 450 nm)。可见光照射下 $Ti_3C_2/g-C_3N_4$ 的光电流为 2.2 $\mu A\ cm^{-2}$,是 $g-C_3N_4$ 的 2.8 倍。$Ti_3C_2/g-C_3N_4$ 光生电荷分离性能的增强使其可见光催化降解能力有效提高。$Ti_3C_2/g-C_3N_4$ 对可见光催化降解水溶液中 CIP 的拟一级动力学常数为 0.035 min^{-1},是 $g-C_3N_4$ 的 2.2 倍。根据自由基淬灭实验和催化剂能带结构分析,光生空穴和由光生电子激活 O_2 得

到的 $·O_2^-$ 被确定为可见光光催化降解水溶液中环丙沙星的关键活性物种。

（2）采用真空抽滤的方法制备了 Ti_3C_2/多孔 $g-C_3N_4$（PCN）纳米片复合光催化剂。研究发现，Ti_3C_2/PCN 比 $Ti_3C_2/g-C_3N_4$ 具有更高的可见光吸收能力，DRS 吸收边为 576 nm。Ti_3C_2 与 PCN 之间异质结的存在使 PCN 保持较高的电荷分离性能，进而使 Ti_3C_2/PCN 具有良好的催化降解能力。在可见光催化反应 180 min 后 Ti_3C_2/PCN 对水溶液中苯酚的降解率为 98.0%，其反应动力学常数为 0.022 min^{-1}，是单独 PCN 的 4.9 倍。经可见光预照射 5 h 的 Ti_3C_2/PCN 催化剂，在黑暗条件下反应 120 min 后仍具有 32% 的苯酚降解率，表明 Ti_3C_2/PCN 催化剂具有光催化记忆效应。通过电子淬灭实验和 EPR 自由基测试，推测 Ti_3C_2/PCN 表现出光催化记忆效应的主要原因在于复合催化剂中的 PCN 的光吸收能力和 Ti_3C_2 的电子存储能力。

（3）以 ZIF-67 和三聚氰胺为前驱体，通过热聚合方法制备得到 CoCN 催化剂。研究表明，CoCN 催化剂为多孔纳米结构，Co 原子以 Co-Nx 键形式锚定在 CN 杂环框架中，受可见光激发后 CoCN 中 N 原子附近的光生电子迁移到 Co 原子，通过单电子转移反应活化 PMS 产生高氧化性、长寿命的 $SO_4^-·$，进而增强对水中有机污染物的可见光催化降解能力。CoCN/Vis/PMS 体系在 2 min 内对水溶液中 BPA 的催化降解率达到 100%，拟一级反应动力学速率常数为 1.84 min^{-1}，是无光照条件的 5.58 倍，反应 90 min 后对 BPA 溶液的 TOC 去除率达到 88.8%。机理研究发现，在 CoCN/Vis/PMS 体系中 CoCN 光催化和 PMS 氧化协同作用，产生 $SO_4^-·$、·OH、·O_2^-、h^+ 和 $^1O_2$ 等多种活性物质，实现对水中有机污染物的高效降解和矿化。

（4）通过热聚合法制备得到 $g-C_3N_4/BiPO_4$（CNBx）Z 型异质

结复合光催化剂。实验研究发现,CNBx 在可见光下成功活化 SO_4^{2-} 产 $SO_4^-\cdot$,对多种有机污染物表现出良好的光催化降解能力,90 min 内对 BPA、4-CP、SMX、CIP 和 Ibuprofen 的降解率分别达到 93.9%、100%、99.6%、96.8%和 80.2%。通过光电化学性能表征、自由基淬灭实验和 EPR 研究证实,在 CNBx 中 g-C_3N_4 和 $BiPO_4$ 接触界面之间具有 Z 型电荷传递机制,在增强高电荷分离性能的同时保持高空穴氧化能力和电子还原能力,从而有效活化水环境中的 SO_4^{2-}、H_2O 和 O_2 生成 $SO_4^-\cdot$、·OH 和 ·O_2^- 等多种自由基,实现对水中有机污染物的高效降解。结合 LC-MS、DFT 计算和 T.E.S.T. 分析,推测了 BPA 在 CNBx 光催化活化 SO_4^{2-} 体系中的降解路径,发现 BPA 中间产物的生态毒性逐渐降低,进一步证明了 CNBx 光催化活化 SO_4^{2-} 降解水中有机物是一个环境友好的反应体系。

6.2 创新点

(1) 提出基于二维纳米材料 g-C_3N_4 和 Ti_3C_2 层间界面接触以形成类肖特基异质结的氮化碳基催化剂设计方法。构建了新型 2D/2D Ti_3C_2/g-C_3N_4 复合光催化剂,通过类肖特基结内建电场增强光生电荷分离,提高光催化降解性能;构建了 Ti_3C_2/PCN 纳米片复合光催化剂,可见光下光生电荷载流子密度为 $9.63×10^{21}$ cm^{-3},同时具有独特的光催化记忆效应,在黑暗环境下对水中有机污染物表现出催化降解性能。

(2) 构建了 CoCN 和 g-C_3N_4/$BiPO_4$ 光催化剂,利用氮化碳基催化剂可见光催化活化 PMS 和 SO_4^{2-} 产生 $SO_4^-\cdot$,显著改善了可见光催化降解水中有机污染物的性能。CoCN/Vis/PMS 体系 2 min 内对 BPA 的降解率达 100%,90 min 内 TOC 去除率达 88.8%。g-C_3N_4/$BiPO_4$ 实

现了可见光下同时活化 SO_4^{2-}、H_2O 和 O_2，产生 $SO_4^-\cdot$、$\cdot OH$ 和 $\cdot O_2^-$ 等多种自由基降解水中有机污染物并使其毒性降低，是一种环境友好的水污染处理体系。

6.3　展望

（1）本研究中 $g-C_3N_4$ 基催化剂对水溶液中 O_2、H_2O、PMS 和硫酸盐等小分子具有良好的活化能力。后续工作可结合多种原位光谱技术和自由基检测手段，对小分子活化过程和自由基转化路径进行深入研究。对反应过程中活性物种的产生进行定量检测，从而对不同反应路径的贡献率进行定量研究，加深对多种小分子活化共同促进污染物降解过程的理解。

（2）光催化活化硫酸盐体系虽然降低了药剂投加和后处理成本，但催化效率仍然较低。后续工作可通过设计催化剂活性位点和耦合电场等方式来进一步提高反应体系中的硫酸盐活化效率。

（3）本研究制备的 $g-C_3N_4$ 基催化剂在可见光照下表现出高效稳定的催化活性。后续工作可进一步将催化剂颗粒成型化，以实际毒性有机废水为处理对象，考察其在流动态固定床反应器中的催化性能，将催化剂性能优化和反应器结构与工艺优化相结合，推动光催化技术的实用化进程。

参考文献

[1] KUCH H M, BALLSCHMITER K. Determination of endocrine-disrupting phenolic compounds and estrogens in surface and drinking water by HRGC-(NCI)-MS in the picogram per liter range [J]. Environmental Science & Technology, 2001, 35 (15): 3201-3206.

[2] KOLPIN D W, FURLONG E T, MEYER M T, et al. Pharmaceu-ticals, hormones, and other organic wastewater contaminants in U.S. Streams, 1999-2000: A national reconnaissance [J]. Environmental Science & Technology, 2002, 36 (6): 1202-1211.

[3] ZHANG S Y, ZHANG Q, DARISAW S, et al. Simultaneous quantification of polycyclic aromatic hydrocarbons (PAHs), polychlorinated biphenyls (PCBs), and pharmaceuticals and personal care products (PPCPs) in Mississippi river water, in New Orleans, Louisiana, USA [J]. Chemosphere, 2007, 66 (6): 1057-1069.

[4] KLEYWEGT S, PILEGGI V, YANG P, et al. Pharmaceuticals, hormones and bisphenol A in untreated source and finished drinking wa-

ter in Ontario, Canada-occurrence and treatment efficiency [J]. Science of the Total Environment, 2011, 409 (8): 1481-1488.

[5] 马颖, 胡安明. 污水中药物和个人护理用品的光降解 [J]. 北京工业大学学报, 2016, 42 (1): 60-67.

[6] WANG X C, MAEDA K, THOMAS A, et al. A metal-free polymeric photocatalyst for hydrogen production from water under visible light [J]. Nature Materials, 2009, 8 (1): 76-80.

[7] ZHU B C, ZHANG L Y, CHENG B, et al. First-principle calculation study of tri-s-triazine-based g-C_3N_4: A review [J]. Applied Catalysis B: Environmental, 2018, 224 (1): 983-999.

[8] 刘恩科, 朱秉升, 罗晋生. 半导体物理学[M]. 7版. 北京: 电子工业出版社, 2008.

[9] HOFFMANN M R, MARTIN S T, CHOI W, et al. Environmental applications of semiconductor photocatalysis [J]. Chemical Reviews, 1995, 95 (1): 69-96.

[10] CHOI W Y, TERMIN A, HOFFMANN M R. The role of metalion dopants in quantum-sized TiO_2: Correlation between photoreactivity and charge carrier recombination dynamics [J]. The Journal of Physical Chemistry, 2002, 98 (51): 13669-13679.

[11] 余立志, 李京伟, 林银河. 非金属掺杂改性纳米 TiO_2 光催化性能研究进展 [J]. 应用化工, 2019, 48 (8): 1944-1948.

[12] 李粉玲. 贵金属沉积对 TiO_2 薄膜光催化活性的影响 [J]. 天津化工, 2006, 20 (4): 25-27.

[13] 陈中亮, 胡德昆, 周晶. 外场耦合光催化降解有机污染物研究进展 [J]. 化工技术与开发, 2010, 39 (2): 26-30.

[14] 司崇殿, 高洪涛, 陈万东, 等. 光催化剂改性及外场耦合光催化研究进展 [J]. 水处理技术, 2010, 36 (3): 23-28.

[15] 王洪红, 雷文, 李孝建, 等. 催化还原降解 Cr (Ⅵ) [J]. 化学进展, 2020, 32 (12): 1990-2003.

[16] WANG W J, CHEN Y, LI G Y, et al. Photocatalytic reductive defluorination of perfluorooctanoic acid in water under visible light irradiation: the role of electron donor [J]. Environmental Science - Water Research & Technology, 2020, 6 (6): 1638-1648.

[17] GOMEZ-RUIZ B, RIBAO P, DIBAN N, et al. Photocatalytic degradation and mineralization of perfluorooctanoic acid (PFOA) using a composite TiO_2-rGO catalyst [J]. Journal of Hazardous Materials, 2018, 344 (1): 950-957.

[18] DUAN L J, WANG B, HECK K, et al. Efficient photocatalytic PFOA degradation over boron nitride [J]. Environmental Science & Technology Letters, 2020, 7 (8): 613-619.

[19] CHEN Z S, CHEN W R, LIAO G Z, et al. Flexible construct of N vacancies and hydrophobic sites on g-C_3N_4 by F doping and their contribution to PFOA degradation in photocatalytic ozonation [J]. Journal of Hazardous Materials, 2022, 428 (128222): 1-10.

[20] 朱永法, 姚文清, 宗瑞隆. 光催化-环境净化与绿色能源应用探索[M]. 北京:化学工业出版社, 2015.

[21] 孙冰. 液相放电等离子体及其应用[M]. 北京:科学出版社, 2013.

[22] ROBINSON J W, HAM M Y, BALASTER A N. Ultraviolet radiation from electrical discharges in water [J]. Journal of Applied Physics, 1973, 44 (1): 72-75.

[23] 郭贺. 脉冲放电等离子体协同石墨烯-金属氧化物催化降解

抗生素的研究[D]. 大连：大连理工大学, 2019.

[24] 张华, 张子鹏, 张澜澜, 等. H_2O_2 强化光催化处理苯胺化工废水的应用试验[J]. 化工进展, 2020, 39 (12)：5299-5308.

[25] 王丽艳, 马建青, 张会宁, 等. 原位合成 H_2O_2 在水处理技术中的应用研究进展[J]. 分析试验室, 2021, 40 (1)：118-124.

[26] CUI Y J, DING Z X, LIU P, et al. Metal-free activation of H_2O_2 by $g-C_3N_4$ under visible light irradiation for the degradation of organic pollutants [J]. Physical Chemistry Chemical Physics, 2012, 14 (4)：1555-1562.

[27] LI Y X, OUYANG S X, XU H, et al. Constructing solid-gas-interfacial Fenton reaction over alkalinized-C_3N_4 photocatalyst to achieve apparent quantum yield of 49% at 420 nm [J]. Journal of the American Chemical Society, 2016, 138 (40)：13289-13297.

[28] YANG L P, DONG G H, JACOBS D L, et al. Two-channel photocatalytic production of H_2O_2 over $g-C_3N_4$ nanosheets modified with perylene imides [J]. Journal of Catalysis, 2017, 352 (1)：274-281.

[29] JIANG Z Y, WANG L Z, LEI J Y, et al. Photo-Fenton degradation of phenol by CdS/rGO/Fe^{2+} at natural pH with in situ-generated H_2O_2 [J]. Applied Catalysis B：Environmental, 2019, 241 (1)：367-374.

[30] AN X Q, WU S Q, TANG Q W, et al. Strongly coupled polyoxometalates/oxygen doped $g-C_3N_4$ nanocomposites as Fenton-like catalysts for efficient photodegradation of sulfosalicylic acid [J]. Catalysis Communications, 2018, 112 (1)：63-67.

[31] TANAKA K, ABE K, HISANAGA T. Photocatalytic water treatment on immobilized TiO_2 combined with ozonation [J]. Journal of Photochemistry and Photobiology a–Chemistry, 1996, 101 (1): 85-87.

[32] AGUSTINA T E, ANG H M, VAREEK V K. A review of synergistic effect of photocatalysis and ozonation on wastewater treatment [J]. Journal of Photochemistry and Photobiology C–Photochemistry Reviews, 2005, 6 (4): 264-273.

[33] KANG W D, CHEN S, YU H T, et al. Photocatalytic ozonation of organic pollutants in wastewater using a flowing through reactor [J]. Journal of Hazardous Materials, 2021, 405 (124277): 1-9.

[34] XIAO J D, XIE Y B, CAO H B, et al. G–C_3N_4–triggered super synergy between photocatalysis and ozonation attributed to promoted (OH)–O–center dot generation [J]. Catalysis Communications, 2015, 66 (1): 10-14.

[35] XIAO J D, XIE Y B, NAWAZ F, et al. Super synergy between photocatalysis and ozonation using bulk $g-C_3N_4$ as catalyst: A potential sunlight/O_3/$g-C_3N_4$ method for efficient water decontamination [J]. Applied Catalysis B: Environmental, 2016, 181 (1): 420-428.

[36] XIAO J D, XIE Y B, NAWAZ F, et al. Dramatic coupling of visible light with ozone on honeycomb–like porous $g-C_3N_4$ towards superior oxidation of water pollutants [J]. Applied Catalysis B: Environmental, 2016, 183 (1): 417-425.

[37] XIAO J D, HAN Q Z, XIE Y B, et al. Is C_3N_4 chemically stable toward reactive oxygen species in sunlight-driven water treat-

ment? [J]. Environmental Science & Technology, 2017, 51 (22): 13380-13387.

[38] XIAO J D, RABEAH J, YANG J, et al. Fast electron transfer and ·OH formation: Key features for high activity in visible-light-driven ozonation with C_3N_4 catalysts [J]. Acs Catalysis, 2017, 7 (9): 6198-6206.

[39] XIAO J D, XIE Y B, RABEAH J, et al. Visible-light photocatalytic ozonation using graphitic C_3N_4 catalysts: A hydroxyl radical manufacturer for wastewater treatment [J]. Accounts of Chemical Research, 2020, 53 (5): 1024-1033.

[40] YANG Y, BANERJEE G, BRUDVIG G W, et al. Oxidation of organic compounds in water by unactivated peroxymonosulfate [J]. Environmental Science & Technology, 2018, 52 (10): 5911-5919.

[41] GAO Y W, ZHU Y, LYU L, et al. Electronic structure modulation of graphitic carbon nitride by oxygen doping for enhanced catalytic degradation of organic pollutants through peroxymonosulfate activation [J]. Environmental Science & Technology, 2018, 52 (24): 14371-14380.

[42] XU X M, ZONG S Y, CHEN W M, et al. Comparative study of Bisphenol A degradation via heterogeneously catalyzed H_2O_2 and persulfate: Reactivity, products, stability and mechanism [J]. Chemical Engineering Journal, 2019, 369 (1): 470-479.

[43] WANG G L, CHEN S, QUAN X, et al. Enhanced activation of peroxymonosulfate by nitrogen doped porous carbon for effective removal of organic pollutants [J]. Carbon, 2017, 115 (1): 730-739.

[44] LI H C, SHAN C, PAN B C. Fe(Ⅲ)-doped g-C_3N_4 mediated peroxymonosulfate activation for selective degradation of phenolic compounds via high-valent iron-oxo species [J]. Environmental Science & Technology, 2018, 52 (4): 2197-2205.

[45] QIN X, FANG S W, ZHAO L, et al. Cobalt super-microparticles anchored on nitrogen-doped graphene for aniline oxidation based on sulfate radicals [J]. Science of the Total Environment, 2017, 601-602 (1): 99-108.

[46] ZHANG Y Q, XIAO Y J, ZHONG Y, et al. Comparison of amoxicillin photodegradation in the UV/H_2O_2 and UV/persulfate systems: Reaction kinetics, degradation pathways, and antibacterial activity [J]. Chemical Engineering Journal, 2019, 372 (1): 420-428.

[47] 王冠龙. 氮掺杂及钴氮共修饰多孔碳活化过硫酸氢盐降解有机污染物性能[D]. 大连:大连理工大学, 2017.

[48] WANG J L, WANG S Z. Activation of persulfate (PS) and peroxymonosulfate (PMS) and application for the degradation of emerging contaminants [J]. Chemical Engineering Journal, 2018, 334 (1): 1502-1517.

[49] KOHANTORABI M, MOUSSAVI G, GIANNAKIS S. A review of the innovations in metal- and carbon-based catalysts explored for heterogeneous peroxymonosulfate (PMS) activation, with focus on radical vs. non-radical degradation pathways of organic contaminants [J]. Chemical Engineering Journal, 2021, 411 (127957): 1-26.

[50] ANIPSITAKIS G P, DIONYSIOU D D. Radical generation by the interaction of transition metals with common oxidants [J]. Envi-

ronmental Science & Technology, 2004, 38 (13): 3705-3712.

[51] CHEN X Y, QIAO X L, WANG D G, et al. Kinetics of oxidative decolorization and mineralization of Acid Orange 7 by dark and photoassisted Co^{2+} - catalyzed peroxymonosulfate system [J]. Chemosphere, 2007, 67 (4): 802-808.

[52] HAO X M, WANG G L, CHEN S, et al. Enhanced activation of peroxymonosulfate by $CNT-TiO_2$ under UV-light assistance for efficient degradation of organic pollutants [J]. Frontiers of Environmental Science & Engineering, 2019, 13 (5): 77.

[53] GAO Y W, LI S M, LI Y X, et al. Accelerated photocatalytic degradation of organic pollutant over metal-organic framework MIL-53 (Fe) under visible LED light mediated by persulfate [J]. Applied Catalysis B: Environmental, 2017, 202 (1): 165-174.

[54] CHEN P, ZHANG Q X, SHEN L Z, et al. Insights into the synergetic mechanism of a combined vis-RGO/TiO_2/peroxodisulfate system for the degradation of PPCPs: Kinetics, environmental factors and products [J]. Chemosphere, 2019, 216 (1): 341-351.

[55] WANG G L, ZHAO Y, MA H R, et al. Enhanced peroxymonosulfate activation on dual active sites of N vacancy modified $g-C_3N_4$ under visible-light assistance and its selective removal of organic pollutants [J]. Science of the Total Environment, 2021, 756 (144139): 1-12.

[56] ZHU J J, XIAO P, LI H L, et al. Graphitic carbon nitride: synthesis, properties, and applications in catalysis [J]. Acs Applied Materials & Interfaces, 2014, 6 (19): 16449-16465.

[57] ZHU B C, ZHANG J F, JIANG C J, et al. First principle investigation of halogen-doped monolayer g-C_3N_4 photocatalyst [J]. Applied Catalysis B: Environmental, 2017, 207 (1): 27-34.

[58] INAGAKI M, TSUMURA T, KINUMOTO T, et al. Graphitic carbon nitrides (g-C_3N_4) with comparative discussion to carbon materials [J]. Carbon, 2019, 141 (1): 580-607.

[59] DONG F, WANG Z Y, SUN Y J, et al. Engineering the nanoarchitecture and texture of polymeric carbon nitride semiconductor for enhanced visible light photocatalytic activity [J]. Journal of Colloid and Interface Science, 2013, 401 (1): 70-79.

[60] JI H H, CHANG F, HU X F, et al. Photocatalytic degradation of 2,4,6-trichlorophenol over g-C_3N_4 under visible light irradiation [J]. Chemical Engineering Journal, 2013, 218 (1): 183-190.

[61] TAHIR M, CAO C B, MAHMOOD N, et al. Multifunctional g-C_3N_4 nanofibers: a template-free fabrication and enhanced optical, electrochemical, and photocatalyst properties [J]. Acs Applied Materials & Interfaces, 2014, 6 (2): 1258-1265.

[62] YANG S B, GONG Y J, ZHANG J S, et al. Exfoliated graphitic carbon nitride nanosheets as efficient catalysts for hydrogen evolution under visible light [J]. Advanced Materials, 2013, 25 (17): 2452-2456.

[63] SHEN B, HONG Z H, CHEN Y L, et al. Template-free synthesis of a novel porous g-C_3N_4 with 3D hierarchical structure for enhanced photocatalytic H_2 evolution [J]. Materials Letters, 2014, 118 (1): 208-211.

[64] SUN J H, ZHANG J S, ZHANG M W, et al. Bioinspired hol-

low semiconductor nanospheres as photosynthetic nanoparticles [J]. Nature Communications, 2012, 3 (1): 1-7.

[65] LI X H, ZHANG J S, CHEN X F, et al. Condensed graphitic carbon nitride nanorods by nanoconfinement: Promotion of crystallinity on photocatalytic conversion [J]. Chemistry of Materials, 2011, 23 (19): 4344-4348.

[66] LI X H, WANG X C, ANTONIETTI M. Mesoporous $g-C_3N_4$ nanorods as multifunctional supports of ultrafine metal nanoparticles: hydrogen generation from water and reduction of nitrophenol with tandem catalysis in one step [J]. Chemical Science, 2012, 3 (6): 2170-2174.

[67] BAI X J, WANG L, ZONG R L, et al. Photocatalytic Activity Enhanced via $g-C_3N_4$ Nanoplates to Nanorods [J]. The Journal of Physical Chemistry C, 2013, 117 (19): 9952-9961.

[68] CUI Y J, DING Z X, FU X Z, et al. Construction of conjugated carbon nitride nanoarchitectures in solution at low temperatures for photoredox catalysis [J]. Angewandte Chemie International Edition, 2012, 51 (47): 11814-11818.

[69] TAHIR M, CAO C B, BUTT F K, et al. Large scale production of novel $g-C_3N_4$ micro strings with high surface area and versatile photodegradation ability [J]. Crystengcomm, 2014, 16 (9): 1825-1830.

[70] TAHIR M, CAO C B, BUTT F K, et al. Tubular graphitic-C_3N_4: a prospective material for energy storage and green photocatalysis [J]. Journal of Materials Chemistry A, 2013, 1 (44): 13949-13955.

[71] WANG S P, LI C J, WANG T, et al. Controllable synthesis of

nanotube-type graphitic C_3N_4 and their visible-light photocatalytic and fluorescent properties [J]. Journal of Materials Chemistry A, 2014, 2 (9): 2885-2890.

[72] SHE X J, XU H, XU Y G, et al. Exfoliated graphene-like carbon nitride in organic solvents: enhanced photocatalytic activity and highly selective and sensitive sensor for the detection of trace amounts of Cu^{2+} [J]. Journal of Materials Chemistry A, 2014, 2 (8): 2563-2570.

[73] KUMAR S, SURENDAR T, KUMAR B, et al. Synthesis of highly efficient and recyclable visible-light responsive mesoporous g-C_3N_4 photocatalyst via facile template-free sonochemical route [J]. Rsc Advances, 2014, 4 (16): 8132-8137.

[74] XU J, ZHANG L W, SHI R, et al. Chemical exfoliation of graphitic carbon nitride for efficient heterogeneous photocatalysis [J]. Journal of Materials Chemistry A, 2013, 1 (46): 14766-14772.

[75] SANO T, TSUTSUI S, KOIKE K, et al. Activation of graphitic carbon nitride (g-C_3N_4) by alkaline hydrothermal treatment for photocatalytic NO oxidation in gas phase [J]. Journal of Materials Chemistry A, 2013, 1 (21): 6489-6496.

[76] NIU P, ZHANG L L, LIU G, et al. Graphene-like carbon nitride nanosheets for improved photocatalytic activities [J]. Advanced Functional Materials, 2012, 22 (22): 4763-4770.

[77] XU H, YAN J, SHE X J, et al. Graphene-analogue carbon nitride: novel exfoliation synthesis and its application in photocatalysis and photoelectrochemical selective detection of trace amount of Cu^{2+} [J]. Nanoscale, 2014, 6 (3): 1406-1415.

[78] ZHAO H X, YU H T, QUAN X, et al. Fabrication of atomic single layer graphitic − C_3N_4 and its high performance of photocatalytic disinfection under visible light irradiation [J]. Applied Catalysis B: Environmental, 2014, 152 (1): 46−50.

[79] ZHAO H X, YU H T, QUAN X, et al. Atomic single layer graphitic−C_3N_4: fabrication and its high photocatalytic performance under visible light irradiation [J]. Rsc Advances, 2014, 4 (2): 624−628.

[80] CHEN X F, JUN Y S, TAKANABE K, et al. Ordered mesoporous SBA−15 type graphitic carbon nitride: A semiconductor host structure for photocatalytic hydrogen evolution with visible light [J]. Chemistry of Materials, 2009, 21 (18): 4093−4095.

[81] ZHANG J S, GUO F S, WANG X C. An optimized and general synthetic strategy for fabrication of polymeric carbon nitride nanoarchitectures [J]. Advanced Functional Materials, 2013, 23 (23): 3008−3014.

[82] FUKASAWA Y, TAKANABE K, SHIMOJIMA A, et al. Synthesis of ordered porous graphitic−C_3N_4 and regularly arranged Ta_3N_5 nanoparticles by using self-assembled silica nanospheres as a primary template [J]. Chemistry An Asian Journal, 2011, 6 (1): 103−109.

[83] YAN H J. Soft − templating synthesis of mesoporous graphitic carbon nitride with enhanced photocatalytic H_2 evolution under visible light [J]. Chemical Communications, 2012, 48 (28): 3430−3432.

[84] XU J, WANG Y J, ZHU Y F. Nanoporous graphitic carbon

nitride with enhanced photocatalytic performance [J]. Langmuir, 2013, 29 (33): 10566-10572.

[85] ZHANG M, XU J, ZONG R L, et al. Enhancement of visible light photocatalytic activities via porous structure of $g-C_3N_4$ [J]. Applied Catalysis B: Environmental, 2014, 147 (1): 229-235.

[86] DONG G H, ZHANG L Z. Porous structure dependent photoreactivity of graphitic carbon nitride under visible light [J]. Journal of Materials Chemistry, 2012, 22 (3): 1160-1166.

[87] HAN K K, WANG C C, LI Y Y, et al. Facile template-free synthesis of porous $g-C_3N_4$ with high photocatalytic performance under visible light [J]. Rsc Advances, 2013, 3 (24): 9465-9469.

[88] JUN Y S, PARK J, LEE S U, et al. Three-dimensional macroscopic assemblies of low-dimensional carbon nitrides for enhanced hydrogen evolution [J]. Angewandte Chemie International Edition, 2013, 52 (42): 11083-11087.

[89] JUN Y S, LEE E Z, WANG X C, et al. From melamine-cyanuric acid supramolecular aggregates to carbon nitride hollow spheres [J]. Advanced Functional Materials, 2013, 23 (29): 3661-3667.

[90] SHALOM M, INAL S, FETTKENHAUER C, et al. Improving carbon nitride photocatalysis by supramolecular preorganization of monomers [J]. Journal of the American Chemical Society, 2013, 135 (19): 7118-7121.

[91] HONG J D, XIA X Y, WANG Y S, et al. Mesoporous carbon nitride with in situ sulfur doping for enhanced photocatalytic hydro-

gen evolution from water under visible light [J]. Journal of Materials Chemistry, 2012, 22 (30): 15006-15012.

[92] WANG Y, DI Y, ANTONIETTI M, et al. Excellent visible-light photocatalysis of fluorinated polymeric carbon nitride solids [J]. Chemistry of Materials, 2010, 22 (18): 5119-5121.

[93] YAN S C, LI Z S, ZOU Z G. Photodegradation of rhodamine B and methyl orange over boron-doped g-C_3N_4 under visible light irradiation [J]. Langmuir, 2010, 26 (6): 3894-3901.

[94] ZHANG G G, ZHANG M W, YE X X, et al. Iodine modified carbon nitride semiconductors as visible light photocatalysts for hydrogen evolution [J]. Advanced Materials, 2014, 26 (5): 805-809.

[95] LI J H, SHEN B, HONG Z H, et al. A facile approach to synthesize novel oxygen-doped g-C_3N_4 with superior visible-light photoreactivity [J]. Chemical Communications, 2012, 48 (98): 12017-12019.

[96] FAN Q J, LIU J J, YU Y C, et al. A template induced method to synthesize nanoporous graphitic carbon nitride with enhanced photocatalytic activity under visible light [J]. Rsc Advances, 2014, 4 (106): 61877-61883.

[97] DONG G H, ZHAO K, ZHANG L Z. Carbon self-doping induced high electronic conductivity and photoreactivity of g-C_3N_4 [J]. Chemical Communications, 2012, 48 (49): 6178-6180.

[98] PAN H, ZHANG Y W, SHENOY V B, et al. Ab initio study on a novel photocatalyst: functionalized graphitic carbon nitride nanotube [J]. Acs Catalysis, 2011, 1 (2): 99-104.

[99] WANG X C, CHEN X F, THOMAS A, et al. Metal - contai-

ning carbon nitride compounds: a new functional organic–metal hybrid material [J]. Advanced Materials, 2009, 21 (16): 1609-1612.

[100] TONDA S, KUMAR S, KANDULA S, et al. Fe–doped and –mediated graphitic carbon nitride nanosheets for enhanced photocatalytic performance under natural sunlight [J]. Journal of Materials Chemistry A, 2014, 2 (19): 6772-6780.

[101] DING Z X, CHEN X F, ANTONIETTI M, et al. Synthesis of transition metal - modified carbon nitride polymers for selective hydrocarbon oxidation [J]. Chemsuschem, 2011, 4 (2): 274-281.

[102] GAO H L, YAN S C, WANG J J, et al. Towards efficient solar hydrogen production by intercalated carbon nitride photocatalyst [J]. Physical Chemistry Chemical Physics, 2013, 15 (41): 18077-18084.

[103] ZENG Z X, QUAN X, YU H T, et al. Alkali–metal–oxides coated ultrasmall Pt sub–nanoparticles loading on intercalated carbon nitride: Enhanced charge interlayer transportation and suppressed backwark reaction for overall water splitting [J]. Journal of Catalysis, 2019, 377 (1): 72-80.

[104] XU D D, LI X N, LIU J, et al. Synthesis and photocatalytic performance of europium–doped graphitic carbon nitride [J]. Journal of Rare Earths, 2013, 31 (11): 1085-1091.

[105] GAO H L, YAN S C, WANG J J, et al. Ion coordination significantly enhances the photocatalytic activity of graphitic–phase carbon nitride [J]. Dalton Transactions, 2014, 43 (22): 8178-8183.

[106] ZHANG J, CHEN X, TAKANABE K, et al. Synthesis of a carbon nitride structure for visible-light catalysis by copolymerization [J]. Angewandte Chemie International Edition, 2010, 49 (2): 441-444.

[107] ZHANG J S, ZHANG G G, CHEN X F, et al. Co-monomer control of carbon nitride semiconductors to optimize hydrogen evolution with visible light [J]. Angewandte Chemie International Edition, 2012, 51 (13): 3183-3187.

[108] ZHENG H R, ZHANG J S, WANG X C, et al. Modification of carbon nitride photocatalysts by copolymerization with diaminomaleonitrile [J]. Acta Physico-Chimica Sinica, 2012, 28 (10): 2336-2342.

[109] ZHANG G G, WANG X C. A facile synthesis of covalent carbon nitride photocatalysts by Co-polymerization of urea and phenylurea for hydrogen evolution [J]. Journal of Catalysis, 2013, 307 (1): 246-253.

[110] ZHANG J S, ZHANG M W, LIN S, et al. Molecular doping of carbon nitride photocatalysts with tunable bandgap and enhanced activity [J]. Journal of Catalysis, 2014, 310 (1): 24-30.

[111] FAN X Q, ZHANG L X, CHENG R L, et al. Construction of graphitic C_3N_4-based intramolecular donor-acceptor conjugated copolymers for photocatalytic hydrogen evolution [J]. Acs Catalysis, 2015, 5 (9): 5008-5015.

[112] LIANG J N, YANG X H, WANG Y, et al. A review on $g-C_3N_4$ incorporated with organics for enhanced photocatalytic water splitting [J]. Journal of Materials Chemistry A, 2021, 9

(22): 12898-12922.

[113] CAO S W, LOW J X, YU J G, et al. Polymeric photocatalysts based on graphitic carbon nitride [J]. Advanced Materials, 2015, 27 (13): 2150-2176.

[114] ZHANG Z Q, BAI L L, LI Z J, et al. Review of strategies for the fabrication of heterojunctional nanocomposites as efficient visible-light catalysts by modulating excited electrons with appropriate thermodynamic energy [J]. Journal of Materials Chemistry A, 2019, 7 (18): 10879-10897.

[115] ZHOU X S, PENG F, WANG H J, et al. Carbon nitride polymer sensitized TiO_2 nanotube arrays with enhanced visible light photoelectrochemical and photocatalytic performance [J]. Chemical Communications, 2011, 47 (37): 10323-10325.

[116] WANG Y J, SHI R, LIN J, et al. Enhancement of photocurrent and photocatalytic activity of ZnO hybridized with graphite-like C_3N_4 [J]. Energy & Environmental Science, 2011, 4 (8): 2922-2929.

[117] CAO S W, YUAN Y P, FANG J S, et al. In-situ growth of CdS quantum dots on $g-C_3N_4$ nanosheets for highly efficient photocatalytic hydrogen generation under visible light irradiation [J]. International Journal of Hydrogen Energy, 2013, 38 (3): 1258-1266.

[118] CAO S W, LIU X F, YUAN Y P, et al. Solar-to-fuels conversion over $In_2O_3/g-C_3N_4$ hybrid photocatalysts [J]. Applied Catalysis B: Environmental, 2014, 147 (1): 940-946.

[119] YAN H J, HUANG Y. Polymer composites of carbon nitride and poly (3-hexylthiophene) to achieve enhanced hydrogen produc-

tion from water under visible light [J]. Chemical Communications, 2011, 47 (14): 4168-4170.

[120] GONG Y, YANG B, ZHANG H, et al. A g-C_3N_4/MIL-101 (Fe) heterostructure composite for highly efficient BPA degradation with persulfate under visible light irradiation [J]. Journal of Materials Chemistry A, 2018, 6 (46): 23703-23711.

[121] ZHANG J S, ZHANG M W, SUN R Q, et al. A facile band alignment of polymeric carbon nitride semiconductors to construct isotype heterojunctions [J]. Angewandte Chemie International Edition, 2012, 51 (40): 10145-10149.

[122] DONG F, ZHAO Z W, XIONG T, et al. In situ construction of g-C_3N_4/g-C_3N_4 metal-free heterojunction for enhanced visible-light photocatalysis [J]. Acs Applied Materials & Interfaces, 2013, 5 (21): 11392-11401.

[123] ZENG Z X, YU H T, QUAN X, et al. Structuring phase junction between tri-s-triazine and triazine crystalline C_3N_4 for efficient photocatalytic hydrogen evolution [J]. Applied Catalysis B: Environmental, 2018, 227 (1): 153-160.

[124] KATSUMATA H, SAKAI T, SUZUKI T, et al. Highly efficient photocatalytic activity of g-C_3N_4/Ag_3PO_4 hybrid photocatalysts through Z-scheme photocatalytic mechanism under visible light [J]. Industrial & Engineering Chemistry Research, 2014, 53 (19): 8018-8025.

[125] YANG Y X, GUO W, GUO Y N, et al. Fabrication of Zscheme plasmonic photocatalyst Ag@AgBr/g-C_3N_4 with enhanced visible-light photocatalytic activity [J]. Journal of Hazardous Materials, 2014, 271 (1): 150-159.

[126] HE Y M, ZHANG L H, WANG X X, et al. Enhanced photodegradation activity of methyl orange over Z-scheme type MoO_3-g-C_3N_4 composite under visible light irradiation [J]. Rsc Advances, 2014, 4 (26): 13610-13619.

[127] JIN Z Y, MURAKAMI N, TSUBOTA T, et al. Complete oxidation of acetaldehyde over a composite photocatalyst of graphitic carbon nitride and tungsten (Ⅵ) oxide under visible-light irradiation [J]. Applied Catalysis B: Environmental, 2014, 150 (1): 479-485.

[128] YU W L, CHEN J X, SHANG T T, et al. Direct Z-scheme g-C_3N_4/WO_3 photocatalyst with atomically defined junction for H_2 production [J]. Applied Catalysis B: Environmental, 2017, 219 (1): 693-704.

[129] KONDO K, MURAKAMI N, YE C, et al. Development of highly efficient sulfur-doped TiO_2 photocatalysts hybridized with graphitic carbon nitride [J]. Applied Catalysis B: Environmental, 2013, 142 (1): 362-367.

[130] KUMAR S, BARUAH A, TONDA S, et al. Cost-effective and eco-friendly synthesis of novel and stable N-doped ZnO/g-C_3N_4 core-shell nanoplates with excellent visible-light responsive photocatalysis [J]. Nanoscale, 2014, 6 (9): 4830-4842.

[131] WANG Y J, WANG Q S, ZHAN X Y, et al. Visible light driven type Ⅱ heterostructures and their enhanced photocatalysis properties: a review [J]. Nanoscale, 2013, 5 (18): 8326-8339.

[132] 李厚芬. 异质结光催化剂界面电子迁移的调控方法及光催化特性[D]. 大连:大连理工大学, 2016.

[133] YE F, SU Y, QUAN X, et al. Constructing desired interfacial energy band alignment of Z-scheme $TiO_2-Pd-Cu_2O$ hybrid by controlling the contact facet for improved photocatalytic performance [J]. Applied Catalysis B: Environmental, 2019, 244 (1): 347-355.

[134] YE F, LI H F, YU H T, et al. Constructing $BiVO_4$-Au@CdS photocatalyst with energic charge-carrier-separation capacity derived from facet induction and Z-scheme bridge for degradation of organic pollutants [J]. Applied Catalysis B: Environmental, 2018, 227 (1): 258-265.

[135] DI T M, XU Q L, HO W K, et al. Review on metal sulphide-based Z-scheme photocatalysts [J]. Chem Cat Chem, 2019, 11 (5): 1394-1411.

[136] JOURSHABANI M, LEE B K, SHARIATINIA Z. From Traditional Strategies to Z-scheme Configuration in Graphitic Carbon Nitride Photocatalysts: Recent Progress and Future Challenges [J]. Applied Catalysis B: Environmental, 2020, 276 (119157): 1-28.

[137] CHEN S F, HU Y F, MENG S G, et al. Study on the separation mechanisms of photogenerated electrons and holes for composite photocatalysts $g-C_3N_4-WO_3$ [J]. Applied Catalysis B: Environmental, 2014, 150 (1): 564-573.

[138] HAO L, ZHANG Y, ZHAO Q, et al. Comparative study of MoS_2/MoO_3, $g-C_3N_4/MoO_3$ heterojunction films and their improved photocatalytic activity [J]. Applied Physics a-Materials Science & Processing, 2021, 127 (10): 1-10.

[139] LI K Q, WU W B, JIANG Y Q, et al. Highly enhanced H_2 evo-

lution of $MoO_3/g-C_3N_4$ hybrid composites based on a direct Z-scheme photocatalytic system [J]. Inorganic Chemistry Frontiers, 2021, 8 (5): 1154-1165.

[140] QI S Y, LIU X T, ZHANG R Y, et al. Preparation and photocatalytic properties of $g-C_3N_4$/BiOCl heterojunction [J]. Inorganic Chemistry Communications, 2021, 133 (1): 108907.

[141] GOMATHI DEVI L, KAVITHA R. A review on plasmonic metal-TiO_2 composite for generation, trapping, storing and dynamic vectorial transfer of photogenerated electrons across the Schottky junction in a photocatalytic system [J]. Applied Surface Science, 2016, 360 (1): 601-622.

[142] CHEN Y F, REN X H, WANG X F, et al. Construction of Ag decorated P-doped $g-C_3N_4$ nanosheets Schottky junction via silver mirror reaction for enhanced photocatalytic activities [J]. International Journal of Hydrogen Energy, 2022, 47 (1): 250-263.

[143] SUN Z M, FANG W, ZHAO L, et al. 3D porous Cu-NPs/C_3N_4 foam with excellent CO_2 adsorption and Schottky junction effect for photocatalytic CO_2 reduction [J]. Applied Surface Science, 2020, 504 (144347): 1-10.

[144] CAI H R, WANG B, XIONG L F, et al. Boosting photocatalytic hydrogen evolution of $g-C_3N_4$ catalyst via lowering the Fermi level of co-catalyst [J]. Nano Research, 2021, 15 (2): 1128-1134.

[145] JIANG B, HUANG H, GONG W B, et al. Wood-Inspired Binder Enabled Vertical 3D Printing of $g-C_3N_4$/CNT Arrays for Highly Efficient Photoelectrochemical Hydrogen Evolution

[J]. Advanced Functional Materials, 2021, 31 (45): 2105045.

[146] WANG W, YU J C, XIA D, et al. Graphene and g-C_3N_4 nanosheets cowrapped elemental alpha-sulfur as a novel metal-free heterojunction photocatalyst for bacterial inactivation under visible-light [J]. Environmental Science & Technology, 2013, 47 (15): 8724-8732.

[147] GEIM A K, GRIGORIEVA I V. Van der Waals heterostructures [J]. Nature, 2013, 499 (7459): 419-425.

[148] NOVOSELOV K S, MISHCHENKO A, CARVALHO A, et al. 2D materials and van der Waals heterostructures [J]. Science, 2016, 353 (6298): 461.

[149] RAN J R, GUO W W, WANG H L, et al. Metal-Free 2D/2D Phosphorene/g-C_3N_4 Van der Waals Heterojunction for Highly Enhanced Visible-Light Photocatalytic H_2 Production [J]. Advanced Materials, 2018, 30 (25):1800128.

[150] ZHU B C, CHENG B, FAN J J, et al. g-C_3N_4-Based 2D/2D Composite Heterojunction Photocatalyst [J]. Small Structures, 2021, 2 (12): 2100086.

[151] LI J Y, ZHANG Z Y, CUI W, et al. The Spatially Oriented Charge Flow and Photocatalysis Mechanism on Internal van der Waals Heterostructures Enhanced g-C_3N_4 [J]. Acs Catalysis, 2018, 8 (9): 8376-8385.

[152] HAN C C, GE L, CHEN C F, et al. Novel visible light induced Co_3O_4-g-C_3N_4 heterojunction photocatalysts for efficient degradation of methyl orange [J]. Applied Catalysis B: Environmental, 2014, 147 (1): 546-553.

[153] HOU Y, WEN Z H, CUI S M, et al. Constructing 2D por-

ous graphitic C_3N_4 nanosheets/nitrogen - doped graphene/layered MoS_2 ternary nanojunction with enhanced photoelectrochemical activity [J]. Advanced Materials, 2013, 25 (43): 6291-6297.

[154] SHI L, LIANG L, MA J, et al. Remarkably enhanced photocatalytic activity of ordered mesoporous carbon/$g-C_3N_4$ composite photocatalysts under visible light [J]. Dalton Transactions, 2014, 43 (19): 7236-7244.

[155] MIN Y L, QI X F, XU Q J, et al. Enhanced reactive oxygen species on a phosphate modified C_3N_4/graphene photocatalyst for pollutant degradation [J]. Crystengcomm, 2014, 16 (7): 1285-1287.

[156] CHAI B, LIAO X, SONG F K, et al. Fullerene modified C_3N_4 composites with enhanced photocatalytic activity under visible light irradiation [J]. Dalton Transactions, 2014, 43 (3): 982-989.

[157] BAI X J, WANG L, WANG Y J, et al. Enhanced oxidation ability of $g-C_3N_4$ photocatalyst via C_{60} modification [J]. Applied Catalysis B: Environmental, 2014, 153 (1): 262-270.

[158] XU Y G, XU H, WANG L, et al. The CNT modified white C_3N_4 composite photocatalyst with enhanced visible-light response photoactivity [J]. Dalton Transactions, 2013, 42 (21): 7604-7613.

[159] LIAO G Z, CHEN S, QUAN X, et al. Graphene oxide modified $g-C_3N_4$ hybrid with enhanced photocatalytic capability under visible light irradiation [J]. Journal of Materials Chemistry, 2012, 22 (6): 2721-2726.

[160] YU J G, WANG S H, LOW J X, et al. Enhanced photocatalytic performance of direct Z-scheme g-C_3N_4-TiO_2 photocatalysts for the decomposition of formaldehyde in air [J]. Physical Chemistry Chemical Physics, 2013, 15 (39): 16883-16890.

[161] JIN Z Y, MURAKAMI N, TSUBOTA T, et al. Complete oxidation of acetaldehyde over a composite photocatalyst of graphitic carbon nitride and tungsten (VI) oxide under visible-light irradiation [J]. Applied Catalysis B: Environmental, 2014, 150 (1): 479-485.

[162] HASIJA V, NGUYEN V, KUMAR A, et al. Advanced activation of persulfate by polymeric g-C_3N_4 based photocatalysts for environmental remediation: A review [J]. Journal of Hazardous Materials, 2021, 413 (125324): 1-14.

[163] XU L J, QI L Y, SUN Y, et al. Mechanistic studies on peroxymonosulfate activation by g-C_3N_4 under visible light for enhanced oxidation of light-inert dimethyl phthalate [J]. Chinese Journal of Catalysis, 2020, 41 (2): 322-332.

[164] TAO Y F, NI Q, WEI M Y, et al. Metal-free activation of peroxymonosulfate by g-C_3N_4 under visible light irradiation for the degradation of organic dyes [J]. Rsc Advances, 2015, 5 (55): 44128-44136.

[165] NAGUIB M, MOCHALIN V N, Barsoum M W, et al. 25th anniversary article: MXenes: a new family of two-dimensional materials [J]. Advanced Materials, 2014, 26 (7): 992-1005.

[166] NAGUIB M, KURTOGLU M, Presser V, et al. Two-dimensional nanocrystals produced by exfoliation of Ti_3AlC_2 [J]. Advanced

Materials, 2011, 23 (37): 4248-4253.

[167] HANTANASIRISAKUL K, ZHAO M Q, URBANKOWSKI P, et al. Fabrication of $Ti_3C_2T_x$ MXene transparent thin films with tunable optoelectronic properties [J]. Advanced Electronic Materials, 2016, 2 (6): 1600050.

[168] RAN J R, GAO G P, LI F T, et al. Ti_3C_2 MXene co-catalyst on metal sulfide photo-absorbers for enhanced visible-light photocatalytic hydrogen production [J]. Nature Communications, 2017, 8 (13907): 1-10.

[169] YAN S C, LI Z S, ZOU Z G. Photodegradation performance of $g-C_3N_4$ fabricated by directly heating melamine [J]. Langmuir, 2009, 25 (17): 10397-10401.

[170] CHANG F Y, LI C S, YANG J, et al. Synthesis of a new graphene-like transition metal carbide by de-intercalating Ti_3AlC_2 [J]. Materials Letters, 2013, 109 (1): 295-298.

[171] MA T Y, CAO J L, JARONIEC M, et al. Interacting carbon nitride and titanium carbide nanosheets for high-performance oxygen evolution [J]. Angewandte Chemie International Edition, 2016, 55 (3): 1138-1142.

[172] LI H F, YU H T, QUAN X, et al. Uncovering the key role of the fermi level of the electron mediator in a Z-scheme photocatalyst by detecting the charge transfer process of WO_3-metal-$g-C_3N_4$ (metal = Cu, Ag, Au) [J]. Acs Applied Materials & Interfaces, 2016, 8 (3): 2111-2119.

[173] 王立志, 陕绍云, 支云飞, 等. $g-C_3N_4$在光催化制氢领域的研究进展:如何促进光吸收和载流子的分离传输 [J]. 精细化工, 2021, 38 (11): 2199-2207.

[174] SAKAR M, NGUYEN C C, Vu M H, et al. Materials and mechanisms of photo-assisted chemical reactions under light and dark conditions: Can day-night photocatalysis be achieved? [J]. Chemsuschem, 2018, 11 (5): 809-820.

[175] 张弛,周心怡,李轶. 光催化记忆材料在环境领域的研究进展 [J]. 环境工程, 2021,39(12):1-8.

[176] LI Q, LI Y W, WU P G, et al. Palladium oxide nanoparticles on nitrogen-doped titanium oxide: accelerated photocatalytic disinfection and post-illumination catalytic "memory" [J]. Advanced Materials, 2008, 20 (19): 3717-3723.

[177] LI Q, LI Y W, LIU Z Q, et al. Memory antibacterial effect from photoelectron transfer between nanoparticles and visible light photocatalyst [J]. Journal of Materials Chemistry, 2010, 20 (6): 1068-1072.

[178] FENG F, YANG W Y, GAO S, et al. Postillumination activity in a single-phase photocatalyst of Mo-doped TiO_2 nanotube array from its photocatalytic "memory" [J]. Acs Sustainable Chemistry & Engineering, 2018, 6 (5): 6166-6174.

[179] LIN H X, DENG W H, ZHOU T H, et al. Iodine-modified nanocrystalline titania for photo-catalytic antibacterial application under visible light illumination [J]. Applied Catalysis B: Environmental, 2015,177 (1): 36-43.

[180] CAI T, LIU Y T, WANG L L, et al. "Dark deposition" of Ag nanoparticles on TiO_2: Improvement of electron storage capacity to boost "memory catalysis" activity [J]. Acs Applied Materials & Interfaces, 2018, 10 (30): 25350-25359.

[181] LIU L M, YANG W Y, LI Q, et al. Synthesis of Cu_2O nano-

spheres decorated with TiO_2 nanoislands, their enhanced photoactivity and stability under visible light illumination, and their post-illumination catalytic memory [J]. Acs Applied Materials & Interfaces, 2014, 6 (8): 5629-5639.

[182] LIU L M, SUN W Z, YANG W Y, et al. Post-illumination activity of SnO_2 nanoparticle-decorated Cu_2O nanocubes by H_2O_2 production in dark from photocatalytic "memory" [J]. Scientific Reports, 2016, 6 (20878): 1-11.

[183] CHIOU Y D, HSU Y J. Room – temperature synthesis of single – crystalline Se nanorods with remarkable photocatalytic properties [J]. Applied Catalysis B: Environmental, 2011, 105 (1-2): 211-219.

[184] DONG F, XIONG T, SUN Y J, et al. A semimetal bismuth element as a direct plasmonic photocatalyst [J]. Chemical Communications, 2014, 50 (72): 10386-10389.

[185] XING Z, ZENG X K, DELETIC A, et al. Constructing ultrathin film with "memory" photocatalytic activity from monolayered tungstate nanodots [J]. Chemical Communications, 2016, 52 (43): 6985-6988.

[186] LI L N, LIU Z S, GUO L T, et al. $NaBiO_3/BiO_{2-x}$ Composite photocatalysts with post – illumination "memory" activity [J]. Materials Letters, 2019, 234 (1): 30-34.

[187] DU J, WANG Z, LI Y H, et al. Establishing $WO_3/g-C_3N_4$ composite for "memory" photocatalytic activity and enhancement in photocatalytic degradation [J]. Catalysis Letters, 2019, 149 (5): 1167-1173.

[188] ZHANG Q, WANG H, LI Z L, et al. Metal-free photocatalyst

with visible-light-driven post-illumination catalytic memory [J]. Acs Applied Materials & Interfaces, 2017, 9 (26): 21738-21746.

[189] EL-SHESHTAWY H S, EL-HOSAINY H M, SHOUEIR K R, et al. Facile immobilization of Ag nanoparticles on $g-C_3N_4/V_2O_5$ surface for enhancement of post-illumination, catalytic, and photocatalytic activity removal of organic and inorganic pollutants [J]. Applied Surface Science, 2019, 467 (1): 268-276.

[190] LUKATSKAYA M R, MASHTALIR O, REN C E, et al. Cation intercalation and high volumetric capacitance of two-dimensional titanium carbide [J]. Science, 2013, 341 (6153): 1502-1505.

[191] MASHTALIR O, NAGUIB M, MOCHALIN V N, et al. Intercalation and delamination of layered carbides and carbonitrides [J]. Nature Communications, 2013, 4 (1716): 1-7.

[192] STÖBER W, FINK A, BOHN E. Controlled growth of monodisperse silica spheres in the micron size range [J]. Journal of Colloid and Interface Science, 1968, 26 (1): 62-69.

[193] HU H, GUAN B Y, XIA B Y, et al. Designed formation of $Co_3O_4/NiCo_2O_4$ double-shelled nanocages with enhanced pseudocapacitive and electrocatalytic properties [J]. Journal of the American Chemical Society, 2015, 137 (16): 5590-5995.

[194] WANG S B, GUAN B Y, WANG X, et al. Formation of hierarchical Co_9S_8@$ZnIn_2S_4$ heterostructured cages as an efficient photocatalyst for hydrogen evolution [J]. Journal of the

American Chemical Society, 2018, 140 (45): 15145-15148.

[195] LEE H, LEE H J, JEONG J, et al. Activation of persulfates by carbon nanotubes: Oxidation of organic compounds by non-radical mechanism [J]. Chemical Engineering Journal, 2015, 266 (1): 28-33.

[196] AN S, ZHANG G, WANG T, et al. High-density ultra-small clusters and single-atom Fe sites embedded in graphitic carbon nitride ($g-C_3N_4$) for highly efficient catalytic advanced oxidation processes [J]. ACS Nano, 2018, 12 (9): 9441-9450.

[197] ZHU Y P, ZHU R L, XI Y F, et al. Heterogeneous photo-Fenton degradation of bisphenol A over Ag/AgCl/ferrihydrite catalysts under visible light [J]. Chemical Engineering Journal, 2018, 346 (1): 567-577.

[198] LIU Y, MAO Y Y, TANG X X, et al. Synthesis of Ag/AgCl/Fe-S plasmonic catalyst for bisphenol A degradation in heterogeneous photo-Fenton system under visible light irradiation [J]. Chinese Journal of Catalysis, 2017, 38 (10): 1726-1735.

[199] LI X, HUANG X, XI S, et al. Single cobalt atoms anchored on porous N-doped graphene with dual reaction sites for efficient fenton-like catalysis [J]. Journal of the American Chemical Society, 2018, 140 (39): 12469-12475.

[200] ZHANG L L, XU D, HU C, et al. Framework Cu-doped $AlPO_4$ as an effective Fenton-like catalyst for bisphenol A degradation [J]. Applied Catalysis B: Environmental, 2017, 207 (1): 9-16.

[201] LI X, AO Z, LIU J, et al. Topotactic transformation of metal-organic frameworks to graphene-encapsulated transition-metal nitrides as efficient fenton-like catalysts [J]. ACS Nano, 2016, 10 (12): 11532-11540.

[202] ZHU Y P, REN T Z, YUAN Z Y. Co^{2+}-loaded periodic mesoporous aluminum phosphonates for efficient modified Fenton catalysis [J]. Rsc Advances, 2015, 5 (10): 7628-7636.

[203] OH W D, LUA S K, DONG Z L, et al. High surface area DPA-hematite for efficient detoxification of bisphenol A via peroxymonosulfate activation [J]. Journal of Materials Chemistry A, 2014, 2 (38): 15836-15845.

[204] WANG Y X, INDRAWIRAWAN S, DUAN X G, et al. New insights into heterogeneous generation and evolution processes of sulfate radicals for phenol degradation over one-dimensional $\alpha-MnO_2$ nanostructures [J]. Chemical Engineering Journal, 2015, 266 (1): 12-20.

[205] OH W D, DONG Z L, HU Z T, et al. A novel quasi-cubic $CuFe_2O_4-Fe_2O_3$ catalyst prepared at low temperature for enhanced oxidation of bisphenol A via peroxymonosulfate activation [J]. Journal of Materials Chemistry A, 2015, 3 (44): 22208-22217.

[206] DUAN X, AO Z, SUN H, et al. Nitrogen-doped graphene for generation and evolution of reactive radicals by metal-free catalysis [J]. Acs Applied Materials & Interfaces, 2015, 7 (7): 4169-4178.

[207] WANG Y B, CAO D, ZHAO X. Heterogeneous degradation of refractory pollutants by peroxymonosulfate activated by CoOx-

doped ordered mesoporous carbon [J]. Chemical Engineering Journal, 2017, 328 (1): 1112-1121.

[208] HUANG G X, WANG C Y, YANG C W, et al. Degradation of bisphenol A by peroxymonosulfate catalytically activated with $Mn_{1.8}Fe_{1.2}O_4$ nanospheres: synergism between Mn and Fe [J]. Environmental Science & Technology, 2017, 51 (21): 12611-12618.

[209] LI H, SHAN C, PAN B. Fe (Ⅲ) -doped $g-C_3N_4$ mediated peroxymonosulfate activation for selective degradation of phenolic compounds via high-valent iron-oxo species [J]. Environmental Science & Technology, 2018, 52 (4): 2197-2205.

[210] LI X N, WANG Z H, ZHANG B, et al. $FeCo_3O_4$ nanocages derived from nanoscale metal - organic frameworks for removal of bisphenol A by activation of peroxymonosulfate [J]. Applied Catalysis B: Environmental, 2016, 181 (1): 788-799.

[211] LI X N, RYKOV A I, ZHANG B, et al. Graphene encapsulated FexCoy nanocages derived from metal-organic frameworks as efficient activators for peroxymonosulfate [J]. Catalysis Science & Technology, 2016, 6 (20): 7486-7494.

[212] LYU L, YAN D, YU G, et al. Efficient destruction of pollutants in water by a dual-reaction-center fenton-like process over carbon nitride compounds-complexed Cu (Ⅱ) -$CuAlO_2$ [J]. Environmental Science & Technology, 2018, 52 (7): 4294-4304.

[213] WANG Y, WANG R T, YU L, et al. Efficient reactivity of $LaCu_{0.5}Co_{0.5}O_3$ perovskite intercalated montmorillonite and $g-C_3N_4$ nanocomposites in microwave-induced H_2O_2 catalytic degradation of bisphenol A [J]. Chemical Engineering Journal,

2020, 401 (1): 126057.

[214] WANG Y, WANG Y, YU L, et al. Highly effective microwave-induced catalytic degradation of Bisphenol A in aqueous solution using double-perovskite intercalated montmorillonite nanocomposite [J]. Chemical Engineering Journal, 2020, 390 (1): 124550.

[215] RUNTTI H, TOLONEN E T, TUOMIKOSKI S, et al. How to tackle the stringent sulfate removal requirements in mine water treatment - A review of potential methods [J]. Environmental Research, 2018, 167 (1): 207-222.

[216] AHDAB Y, SCHÜCKING G, REHMAN D, et al. Treatment of greenhouse wastewater for reuse or disposal using monovalent selective electrodialysis [J]. Desalination, 2021, 507 (115037): 1-22.

[217] QUIST-JENSEN C A, MACEDONIO F, HORBEZ D, et al. Reclamation of sodium sulfate from industrial wastewater by using membrane distillation and membrane crystallization [J]. Desalination, 2017, 401 (1): 112-119.

[218] SHI X Q, LEONG K Y, NG H Y. Anaerobic treatment of pharmaceutical wastewater: A critical review [J]. Bioresource Technology, 2017, 245 (1):1238-1244.

[219] CHEN Y, HE S L, ZHOU M M, et al. Feasibility assessment of up-flow anaerobic sludge blanket treatment of sulfamethoxazole pharmaceutical wastewater [J]. Frontiers of Environmental Science & Engineering, 2018, 12 (5): 13.

[220] DAVIS J, BAYGENTS J C, FARRELL J. Understanding persulfate production at boron doped diamond film anodes [J]. Elec-

trochimica Acta, 2014, 150 (1): 68-74.

[221] FARHAT A, KELLER J, TAIT S, et al. Removal of persistent organic contaminants by electrochemically activated sulfate [J]. Environmental Science & Technology, 2015, 49 (24): 14326-14333.

[222] LIU Y M, FAN X F, QUAN X, et al. Enhanced perfluorooctanoic acid degradation by electrochemical activation of sulfate solution on B/N co-doped diamond [J]. Environmental Science & Technology, 2019, 53 (9): 5195-5201.

[223] RADJENOVIC J, PETROVIC M. Removal of sulfamethoxazole by electrochemically activated sulfate: Implications of chloride addition [J]. Journal of Hazardous Materials, 2017, 333 (1): 242-249.

[224] LIU G S, YOU S J, TAN Y, et al. In situ photochemical activation of sulfate for enhanced degradation of organic pollutants in water [J]. Environmental Science & Technology, 2017, 51 (4): 2339-2346.

[225] BEHNAJADY M A, MODIRSHAHLA N, HAMZAVI R. Kinetic study on photocatalytic degradation of C. I. Acid Yellow 23 by ZnO photocatalyst [J]. Journal of Hazardous Materials, 2006, 133 (1-3): 226-232.

[226] KOHTANI S, TOMOHIRO M, TOKUMURA K, et al. Photooxidation reactions of polycyclic aromatic hydrocarbons over pure and Ag-loaded $BiVO_4$ photocatalysts [J]. Applied Catalysis B: Environmental, 2005, 58 (3-4): 265-272.

[227] GONÇALVES R V, MIGOWSKI P, WENDER H, et al. Ta_2O_5 Nanotubes obtained by anodization: Effect of thermal treatment

on the photocatalytic activity for hydrogen production [J]. The Journal of Physical Chemistry C, 2012, 116 (26): 14022-14030.

[228] LI Z H, LIU J W, LI J Y, et al. Template free synthesis of crystallized nanoporous $F-Ta_2O_5$ spheres for effective photocatalytic hydrogen production [J]. Nanoscale, 2012, 4 (13): 3867-3870.

[229] PAN C S, ZHU Y F. New type of $BiPO_4$ oxy-acid salt photocatalyst with high photocatalytic activity on degradation of dye [J]. Environmental Science & Technology, 2010, 44 (14): 5570-5574.

[230] TIAN F, ZHAO H P, LI G F, et al. Modification with metallic bismuth as efficient strategy for the promotion of photocatalysis: The case of bismuth phosphate [J]. Chemsuschem, 2016, 9 (13): 1579-1585.

[231] JIN X L, YE L Q, XIE H Q, et al. Bismuth-rich bismuth oxyhalides for environmental and energy photocatalysis [J]. Coordination Chemistry Reviews, 2017, 349 (1): 84-101.

[232] LU T, CHEN F W. Multiwfn: a multifunctional wavefunction analyzer [J]. Journal of Computational Chemistry, 2012, 33 (5): 580-592.

[233] LU T, CHEN F W. Bond order analysis based on the Laplacian of electron density in fuzzy overlap space [J]. The Journal of Physical Chemistry A, 2013, 117 (14): 3100-3108.

[234] PARR R G, YANG W T. Density functional approach to the frontier-electron theory of chemical reactivity [J]. Journal of the American Chemical Society, 2002, 106 (14): 4049-4050.

附 件

附件 1　BPA 和其中间产物的结构式及 Fukui 函数计算结果

附表 1.1　双酚 A 及其降解中间体的最高占据分子轨道（HOMO）和最低未占据分子轨道（LUMO）的结构式

BPA 及其产物	结构式	HOMO	LUMO
BPA			
A			
B			
C			

(续表)

BPA 及其产物	结构式	HOMO	LUMO
D			
E			
F			
G			
H			
I			

附表1.2　BPA 分子中每个原子的 Fukui 函数值

原子	$f^-(r)$	$f^+(r)$	$f^0(r)$	原子	$f^-(r)$	$f^+(r)$	$f^0(r)$
1（C）	0.0509	0.0648	0.0578	5（C）	0.0370	0.0669	0.0520
2（C）	0.0337	0.0615	0.0476	6（C）	0.0541	0.0304	0.0423
3（C）	0.0486	0.0125	0.0305	7（H）	0.0290	0.0349	0.0320
4（C）	0.0274	0.0500	0.0387	8（H）	0.0218	0.0291	0.0255

(续表)

原子	$f^-(r)$	$f^+(r)$	$f^0(r)$	原子	$f^-(r)$	$f^+(r)$	$f^0(r)$
9 (H)	0.0160	0.0225	0.0192	22 (C)	0.0120	0.0081	0.0101
10 (H)	0.0255	0.0343	0.0299	23 (H)	0.0173	0.0147	0.0160
11 (C)	0.0042	-0.0007	0.0018	24 (H)	0.0153	0.0142	0.0148
12 (C)	0.0486	0.0125	0.0305	25 (H)	0.0088	0.0080	0.0084
13 (C)	0.0337	0.0615	0.0476	26 (C)	0.0120	0.0081	0.0101
14 (C)	0.0273	0.0500	0.0387	27 (H)	0.0173	0.0147	0.0160
15 (C)	0.0509	0.0648	0.0578	28 (H)	0.0153	0.0142	0.0148
16 (H)	0.0218	0.0291	0.0255	29 (H)	0.0088	0.008	0.0084
17 (C)	0.0370	0.0669	0.0520	30 (O)	0.0730	0.0294	0.0512
18 (H)	0.0160	0.0225	0.0192	31 (H)	0.0274	0.0190	0.0232
19 (C)	0.0541	0.0304	0.0423	32 (O)	0.0730	0.0294	0.0512
20 (H)	0.0290	0.0349	0.0320	33 (H)	0.0274	0.0190	0.0232
21 (H)	0.0255	0.0343	0.0299				

附表 1.3 产物 A 分子中每个原子的 Fukui 函数值

原子	$f^-(r)$	$f^+(r)$	$f^0(r)$	原子	$f^-(r)$	$f^+(r)$	$f^0(r)$
1 (C)	0.0646	0.0547	0.0596	11 (O)	0.0993	0.0584	0.0788
2 (C)	0.0502	0.0497	0.0500	12 (H)	0.0367	0.0292	0.0329
3 (C)	0.0699	0.0592	0.0645	13 (C)	0.0533	0.0766	0.0649
4 (C)	0.0524	0.0652	0.0588	14 (C)	0.0179	0.0210	0.0195
5 (C)	0.0556	0.0435	0.0495	15 (H)	0.0240	0.0293	0.0267
6 (C)	0.0775	0.0858	0.0817	16 (H)	0.0231	0.0252	0.0241
7 (H)	0.0378	0.0376	0.0377	17 (H)	0.0247	0.0265	0.0256
8 (H)	0.0308	0.0305	0.0306	18 (C)	0.1311	0.1367	0.1339
9 (H)	0.0295	0.0335	0.0315	19 (H)	0.0483	0.0572	0.0527
10 (H)	0.0360	0.0346	0.0353	20 (H)	0.0374	0.0457	0.0416

附表1.4 产物B分子中每个原子的Fukui函数值

原子	$f^-(r)$	$f^+(r)$	$f^0(r)$	原子	$f^-(r)$	$f^+(r)$	$f^0(r)$
1（C）	0.0890	0.0484	0.0687	10（H）	0.0412	0.0361	0.0386
2（C）	0.0512	0.0629	0.057	11（O）	0.1293	0.0619	0.0956
3（C）	0.1141	0.0492	0.0816	12（H）	0.0452	0.0305	0.0378
4（C）	0.0600	0.0624	0.0612	13（C）	0.0269	0.1278	0.0773
5（C）	0.0682	0.0469	0.0576	14（C）	0.0163	0.0308	0.0236
6（C）	0.0887	0.0872	0.0880	15（C）	0.0161	0.0355	0.0258
7（H）	0.0445	0.0367	0.0406	16（C）	0.0161	0.0355	0.0258
8（H）	0.0354	0.0338	0.0346	17（H）	0.0258	0.0329	0.0294
9（H）	0.0358	0.0334	0.0346	18（O）	0.0962	0.1479	0.1221

附表1.5 产物C分子中每个原子的Fukui函数值

原子	$f^-(r)$	$f^+(r)$	$f^0(r)$	原子	$f^-(r)$	$f^+(r)$	$f^0(r)$
1（C）	0.0762	0.1233	0.0997	8（H）	0.0446	0.0614	0.0530
2（C）	0.0762	0.1233	0.0997	9（H）	0.0436	0.0627	0.0531
3（C）	0.0961	0.0506	0.0733	10（H）	0.0436	0.0627	0.0531
4（C）	0.0712	0.1277	0.0994	11（O）	0.1239	0.0447	0.0843
5（C）	0.0712	0.1277	0.0994	12（H）	0.0444	0.0298	0.0371
6（C）	0.0961	0.0506	0.0733	13（O）	0.1239	0.0447	0.0843
7（H）	0.0446	0.0614	0.0530	14（H）	0.0444	0.0298	0.0371

附表1.6 产物D分子中每个原子的Fukui函数值

原子	$f^-(r)$	$f^+(r)$	$f^0(r)$	原子	$f^-(r)$	$f^+(r)$	$f^0(r)$
1（C）	0.0523	0.1379	0.0951	3（C）	0.0523	0.1379	0.0951
2（H）	0.0309	0.0552	0.0431	4（H）	0.0309	0.0552	0.0431

（续表）

原子	$f^-(r)$	$f^+(r)$	$f^0(r)$	原子	$f^-(r)$	$f^+(r)$	$f^0(r)$
5（C）	0.0740	0.0839	0.0789	9（O）	0.0832	0.0662	0.0747
6（C）	0.0740	0.0839	0.0789	10（H）	0.0334	0.0258	0.0296
7（O）	0.0832	0.0662	0.0747	11（O）	0.2262	0.1309	0.1785
8（H）	0.0334	0.0258	0.0296	12（O）	0.2262	0.1309	0.1786

附表1.7 产物E分子中每个原子的Fukui函数值

原子	$f^-(r)$	$f^+(r)$	$f^0(r)$	原子	$f^-(r)$	$f^+(r)$	$f^0(r)$
1（C）	0.0045	-0.0005	0.0020	17（C）	0.0603	0.0375	0.0489
2（C）	0.0110	0.0083	0.0097	18（H）	0.0218	0.0349	0.0283
3（H）	0.0145	0.0143	0.0144	19（H）	0.0264	0.0336	0.0300
4（H）	0.0181	0.0150	0.0165	20（H）	0.0291	0.0285	0.0288
5（H）	0.0089	0.0081	0.0085	21（C）	0.0698	0.0149	0.0423
6（C）	0.0142	0.0081	0.0111	22（C）	0.0434	0.0670	0.0552
7（H）	0.0135	0.0137	0.0136	23（C）	0.0393	0.0539	0.0466
8（H）	0.0094	0.0079	0.0086	24（C）	0.0620	0.0684	0.0652
9（H）	0.0215	0.0154	0.0185	25（H）	0.0270	0.0312	0.0291
10（C）	0.0285	0.0125	0.0205	26（C）	0.0461	0.0719	0.0590
11（C）	0.0294	0.0395	0.0345	27（H）	0.0230	0.0244	0.0237
12（C）	0.0226	0.0614	0.0420	28（C）	0.0673	0.0317	0.0495
13（C）	0.0257	0.0690	0.0474	29（H）	0.0341	0.0365	0.0353
14（H）	0.0113	0.0191	0.0152	30（H）	0.0306	0.0364	0.0335
15（C）	0.0452	0.0587	0.0519	31（O）	0.0912	0.0304	0.0608
16（H）	0.0172	0.0287	0.0229	32（H）	0.0330	0.0197	0.0264

附表1.8 产物F分子中每个原子的Fukui函数值

原子	$f^-(r)$	$f^+(r)$	$f^0(r)$	原子	$f^-(r)$	$f^+(r)$	$f^0(r)$
1（C）	0.0032	−0.0002	0.0015	18（H）	0.0225	0.0152	0.0189
2（C）	0.0385	0.0164	0.0274	19（C）	0.0593	0.0374	0.0483
3（C）	0.0286	0.0691	0.0488	20（H）	0.0259	0.0333	0.0296
4（C）	0.0217	0.0553	0.0385	21（C）	0.0108	0.0076	0.0092
5（C）	0.0461	0.0692	0.0577	22（H）	0.0153	0.0129	0.0141
6（H）	0.0193	0.0318	0.0255	23（H）	0.015	0.0154	0.0152
7（C）	0.0316	0.0734	0.0525	24（H）	0.0081	0.0073	0.0077
8（H）	0.0124	0.025	0.0187	25（C）	0.0106	0.0082	0.0094
9（C）	0.0476	0.0318	0.0397	26（H）	0.0133	0.0149	0.0141
10（H）	0.0266	0.0368	0.0317	27（H）	0.0177	0.0138	0.0157
11（H）	0.0228	0.0368	0.0298	28（H）	0.0075	0.0080	0.0078
12（C）	0.0398	0.0138	0.0268	29（O）	0.0607	0.0296	0.0451
13（C）	0.0243	0.0582	0.0413	30（H）	0.0270	0.0180	0.0225
14（C）	0.0576	0.0264	0.0420	31（O）	0.0639	0.0304	0.0471
15（C）	0.0533	0.0400	0.0466	32（H）	0.0245	0.0197	0.0221
16（H）	0.0210	0.0271	0.0241	33（O）	0.0704	0.0336	0.0520
17（C）	0.0295	0.0664	0.0480	34（H）	0.0236	0.0172	0.0204

附表1.9 产物G分子中每个原子的Fukui函数值

原子	$f^-(r)$	$f^+(r)$	$f^0(r)$	原子	$f^-(r)$	$f^+(r)$	$f^0(r)$
1（C）	0.0027	0.0005	0.0016	7（C）	0.0336	0.0475	0.0405
2（C）	0.0346	0.0174	0.0260	8（H）	0.0121	0.0244	0.0182
3（C）	0.0477	0.0464	0.0471	9（C）	0.0529	0.0361	0.0445
4（C）	0.0122	0.0560	0.0341	10（H）	0.0253	0.0386	0.0319
5（C）	0.0334	0.0772	0.0553	11（C）	0.0358	0.0153	0.0255
6（H）	0.0227	0.0256	0.0242	12（C）	0.0233	0.0604	0.0418

（续表）

原子	$f^-(r)$	$f^+(r)$	$f^0(r)$	原子	$f^-(r)$	$f^+(r)$	$f^0(r)$
13（C）	0.0526	0.0310	0.0418	25（H）	0.0138	0.0143	0.0140
14（C）	0.0502	0.0424	0.0463	26（H）	0.0165	0.0147	0.0156
15（H）	0.0200	0.0282	0.0241	27（H）	0.0071	0.0085	0.0078
16（C）	0.0279	0.0695	0.0487	28（O）	0.0575	0.0296	0.0436
17（H）	0.0203	0.0175	0.0189	29（H）	0.0256	0.0183	0.0220
18（C）	0.0554	0.0369	0.0462	30（O）	0.0562	0.0291	0.0426
19（H）	0.0245	0.0346	0.0295	31（H）	0.0244	0.0195	0.0219
20（C）	0.0099	0.0082	0.0091	32（O）	0.0674	0.0349	0.0511
21（H）	0.0141	0.0139	0.0140	33（H）	0.0227	0.0177	0.0202
22（H）	0.0145	0.0149	0.0147	34（O）	0.0476	0.0360	0.0418
23（H）	0.0075	0.0073	0.0074	35（H）	0.0182	0.0189	0.0185
24（C）	0.0098	0.0087	0.0093				

附表1.10　产物H分子中每个原子的Fukui函数值

原子	$f^-(r)$	$f^+(r)$	$f^0(r)$	原子	$f^-(r)$	$f^+(r)$	$f^0(r)$
1（C）	0.0623	0.0371	0.0497	12（C）	0.0406	0.0759	0.0583
2（C）	0.0341	0.0649	0.0495	13（C）	0.0158	0.0209	0.0183
3（C）	0.0680	0.0591	0.0635	14（H）	0.0197	0.0250	0.0223
4（C）	0.0680	0.0460	0.0570	15（H）	0.0204	0.0293	0.0249
5（C）	0.0494	0.0521	0.0508	16（H）	0.0233	0.0265	0.0249
6（C）	0.0810	0.0826	0.0818	17（O）	0.0635	0.0338	0.0486
7（H）	0.0281	0.0332	0.0306	18（H）	0.0310	0.0218	0.0264
8（H）	0.0329	0.0284	0.0307	19（C）	0.1132	0.1382	0.1257
9（H）	0.0357	0.0365	0.0361	20（H）	0.0444	0.0574	0.0509
10（O）	0.1032	0.0596	0.0814	21（H）	0.0324	0.0462	0.0393
11（H）	0.0331	0.0255	0.0293				

附表 1.11 产物 I 分子中每个原子的 Fukui 函数值

原子	$f^-(r)$	$f^+(r)$	$f^0(r)$	原子	$f^-(r)$	$f^+(r)$	$f^0(r)$
1（C）	0.0837	0.0378	0.0608	11（H）	0.036	0.0265	0.0313
2（C）	0.0395	0.0655	0.0525	12（C）	0.0242	0.1268	0.0755
3（C）	0.0948	0.0485	0.0716	13（C）	0.0151	0.0306	0.0229
4（C）	0.0777	0.0562	0.0670	14（H）	0.0144	0.0353	0.0248
5（C）	0.0529	0.0503	0.0516	15（H）	0.0144	0.0353	0.0248
6（C）	0.0836	0.0840	0.0838	16（H）	0.0247	0.0327	0.0287
7（H）	0.0323	0.0336	0.0329	17（O）	0.0848	0.1479	0.1164
8（H）	0.0381	0.0317	0.0349	18（O）	0.0888	0.0347	0.0618
9（H）	0.0386	0.0368	0.0377	19（H）	0.0388	0.0223	0.0305
10（O）	0.1175	0.0635	0.0905				

附件 2　主要符号全称与代表意义

附表 2.1　主要符号全称与代表意义

符号	英文全称	代表意义
NHE	Normal hydrogen electrode	标准氢电极
SCE	Saturated calomel electrode	饱和甘汞电极
SC	Semiconductor	半导体
VB	Valence band	价带
CB	Conduction band	导带
e^-	Electron	电子
h^+	Hole	空穴
E_f	Fermi energy level	费米能级
M	molarity	摩尔浓度

(续表)

符号	英文全称	代表意义
XRD	X-ray diffraction	X 射线衍射
XPS	X-ray photoelectron spectroscopy	X 射线光电子能谱
FTIR	Fourier transform infrared spectroscopy	傅里叶变换红外光谱
PL	Photoluminescence	荧光光谱
TR-PL	Time resolved photoluminescence	时间分辨荧光光谱
EIS	Electrochemical impedance spectroscopy	电化学阻抗谱
DRS	Diffuse reflectance spectra	漫反射光谱
SEM	Scanning electron microscopy	扫描电子显微镜
TEM	Transmission electron microscopy	透射电子显微镜
EPR	Electron paramagnetic resonance	电子顺磁共振
DFT	Density functional theory	密度泛函理论
BPA	Bisphenol A	双酚 A
CIP	Ciprofloxacin	环丙沙星
SMX	Sulfamethoxazole	磺胺甲恶唑
PMS	Peroxomonosulfate	过一硫酸盐
g-C_3N_4	Graphite phase carbon nitride	石墨相氮化碳

附件 3　主要物理量符号代表意义与单位

附表 3.1　主要物理量符号代表意义与单位

符号	代表意义	单位
λ	波长	nm
h	普朗克常数	eV·s
ν	光子频率	Hz
E	电势	V

(续表)

符号	代表意义	单位
k	动力学常数	min^{-1} 或 h^{-1}
P	功率	W
θ	角度	°
T	温度	℃
n	摩尔量	mol 或 mmol
c	摩尔浓度	$mol \cdot L^{-1}$（M）或 $mmol \cdot L^{-1}$（mM）
m	质量	mg 或 g
C	质量浓度	$mg \cdot L^{-1}$ 或 $g \cdot L^{-1}$